U0313630

沈 涛／著

空间信息技术支持下的
中国乡村建筑综合区划研究

知识产权出版社
全国百佳图书出版单位

图书在版编目（CIP）数据

空间信息技术支持下的中国乡村建筑综合区划研究 /沈涛著. — 北京：知识产权出版社,2018.8
ISBN 978-7-5130-5701-1

Ⅰ.①空… Ⅱ.①沈… Ⅲ.①乡村规划-研究-中国②农业建筑-建筑设计-研究-中国 Ⅳ.
TU982.29②TU26

中国版本图书馆CIP数据核字（2018）第171323号

内容提要

本书探讨了区域研究与区划的方法,着重指出了建筑综合区划的目的、任务、作用和意义,并利用空间信息技术的方法对中国乡村建筑进行了综合分区,旨在综合分析各种自然和人文要素对建筑的影响的基础上,阐明乡村建筑的地域性特点,为因地制宜的乡村建筑创作与社会主义新农村建设提供理论和技术支持。本书可作为科研院所区域规划、建筑区划、空间信息技术应用等方面科研人员及研究生的参考用书。

责任编辑：许 波　　　　　　　　责任印制：孙婷婷

空间信息技术支持下的中国乡村建筑综合区划研究
KONGJIAN XINXI JISHU ZHICHIXIA DE ZHONGGUO XIANGCUN JIANZHU ZONGHE
QUHUA YANJIU

沈 涛 著

出版发行：	知识产权出版社 有限责任公司	网　址：	http://www.ipph.cn	
			http://www.laichushu.com	
电　话：	010-82004826			
社　址：	北京市海淀区气象路50号院	邮　编：	100081	
责编电话：	010-82000860转8380	责编邮箱：	xubo@cnipr.com	
发行电话：	010-82000860转8101	发行传真：	010-82000893	
印　刷：	北京中献拓方科技发展有限公司	经　销：	各大网上书店、新华书店及相关专业书店	
开　本：	880mm×1230mm 1/32	印　张：	4.25	
版　次：	2018年8月第1版	印　次：	2018年8月第1次印刷	
字　数：	88千字	定　价：	32.00元	

ISBN 978-7-5130-5701-1

前　　言

　　中国是一个具有悠久历史的农业大国，在全国各地的农村里存在着大量的具有地域特色的建筑，其中蕴含着可供挖掘的巨大财富。这些建筑是地域自然环境和传统文化的完美结合，是对建筑功能和材料的展示，并且具有独特的审美观念。这些都是现代建筑难以具备的特点。

　　建筑所具有的客观属性——地域性，源于建筑所在地区的自然环境的差异和人文环境的千差万别。为了研究建筑的地域特性，我们必须承认并研究这些客观差异，只有这样，才能真正发现和揭示建筑发展的客观规律，从而为其发展提供切实可行的方法和建议。建筑的地域性还具有多学科研究的特性。建筑的地域性表示了建筑与其所在地域的自然生态、文化传统、经济形态和社会结构之间特定的关联。从地理学的理论来看，区划研究是最基本的研究视角和分析范畴。一般来说，各个划分出来的区域在其结构上具有一致性或者整体性，并且在其空间格局上具有与其他区域单元不同的特点。空间信息技术具有强大的信息获取、数据管理、空间分析等多种功能,在地理、测绘、农业、环境、水文、地质、土地管理等多个学科的研究和应用中发挥着重要作用。区划是一种对具有空间特性的事物进行直观分类和管理的过程,而空间信息技术强大的空间信息分析能力和管理能力已经在各种区划(如资源区划、气候区划、农业区划、灾害区划等)的研究中显示出巨大的优势。诠释建筑的地域性特征,将建筑的地域性研究与区域理论及空间信息技术紧密结合起来,是一种学科交叉的综合性分析研究,是一种有益的探索。

本书通过分析全国范围内乡村建筑和规划的调查资料,总结了目前新农村建设中存在的问题,认为必须要掌握建筑的地域分异规律,必须在此基础上因地制宜地进行建设,才能使中国乡村可持续发展。为此,本书诠释了建筑的地域性特征,将建筑的地域性研究与区域理论及空间信息技术紧密结合起来,开展了交叉综合性分析研究。本书探讨了区域研究与区划的方法,着重指出了建筑综合区划的目的、任务、作用和意义。然后,应用空间信息技术研究了影响建筑的气象、地形等自然环境要素,得出它们的空间分布,并根据建筑设计的要求对这些要素进行分区。在文献阅读和资料收集的基础上,在空间信息技术的支持下,对影响建筑的人文要素进行了区划。本研究紧密结合空间信息技术,综合分析各种自然和人文要素对建筑的影响,在查阅文献和收集资料的基础上,借鉴前人研究成果,对中国乡村建筑进行了区划。

　　本书是作者在清华大学建筑学院博士后出站报告的基础上编辑而成。近几年，一直想做更进一步的研究，可惜没能取得显著成果，暂时先将以前的研究内容出版，以供读者参考。另外，因地图出版审查的原因，大量图解在此版本中未能与读者见面，甚为遗憾，希望以后有机会能公开出版，进而与读者进行更好的探讨。

　　作者在书中阐述的内容仅为一家之言，由于研究水平和工作经验有限，书中难免存在疏漏之处，恳请专家和读者批评指正。

目　　录

第1章 绪 论

1.1 研究背景与意义

1.1.1 问题的提出

"三农"(农业、农村、农民)问题,始终是关系中国各项建设工作的重大问题,始终是党和国家全部工作的重中之重。2004年以来,连续六年,党中央、国务院都以"一号文件"对解决"三农"问题提出了应对策略,通过贯彻加强农业基础设施建设,促进农业生产发展和确保农民增收这条主线,保持了"三农"政策的连续性、稳定性、竞争性和创新性。2005年,党的十六届五中全会明确提出,建设社会主义新农村是我国现代化进程中的重大历史任务,是党按照科学发展观要求做出的重大战略决策,对于全面建设小康社会、构建社会主义和谐社会具有十分重大的意义。因此,建设社会主义新农村,成了全社会共同关注的话题,而如何建设社会主义新农村,则成了学界讨论的热点问题。

　　建设社会主义新农村是我国现代化进程中的重大历史任务，是"十一五"及今后较长一个时期内社会经济发展的重要内容之一。虽然当前的新农村建设取得了巨大成就，但也普遍存在着一系列亟待解决的问题。个别地方官员从政绩而非农民的视角来进行新农村建设，将新农村建设当成政府的"面子"和"形象"，盲目大搞"新村"建设、样板工程、试点示范，这使得很多地方的新农村建设重形象而轻内涵，建成很多千篇一律的"新村"。另外，个别地方政府"贪大求洋"，动不动就以发达国家的农村为标准，或者以国内发达地区的农村为标准，在村庄基础设施建设中不顾自身实际情况，片面追求所谓的"发展"。

　　新农村建设不是要用城市代替农村，而是应该在农村保持山清水秀和朴实乡风的基础上拥有城市质量的生活。各地农村人文历史传承不同、地理环境不同、生活风俗不同、产业优势不同、风格特色不同，这就要求新农村的建设不应该盲目追求高标准，应该注重本地经济基础，避免建筑外观处处雷同，体现新农村在自然、文化、民俗和建筑风格等方面的特色。

　　基于以上的实际情况和认识，为了更好地研究新农村建设的现状和存在的问题，本研究所依托的清华大学"三下乡——新农村住宅"项目，在2008年与2009年间组织了对全国20多个县市、80多个乡镇、100多个村落的新农村建设情况的大范围的调查研究。

经过对调查资料的总结研究,目前中国的新农村建设中主要存在以下问题。

(1)传统文化丧失严重。

随着新农村建设进程的加快,传统文化受到了极大的冲击。很多地方古朴的民居已经全部变成整齐划一的小洋楼,蜿蜒的乡村小道也已改成笔直的水泥大路。这些地区的新农村建筑丢失了农村传统文化特点,新的建筑形式已经不能体现地方特色。这样进行建设的新农村过于注重城市化,忽略了文化内涵建设,个别农村地区的优秀传统文化面临着消亡的窘境。

(2)土地资源浪费严重。

根据调研的资料,很多地方在新农村建设规划时缺乏科学性,尤其在保护土地资源方面做得不够。这些地区盲目占用耕地开发新村,扩大宅基地,而废弃的旧村又不能及时开发利用,造成当地耕地大量减少的状况。有关部门应当有所作为,在规划好新农村建设的基础上,引导好新农村建设和旧村的利用,切实做好保护耕地的工作。

(3)可能扩大贫富差距。

逐步消除贫富差距是新农村建设的初衷。可是由于政策原因,受新农村建设资金情况和村与村之间的经济差异等诸多条件的限制,同一地区村与村之间的新农村建设情况差异巨大。有的村建设得较好,得到了优先建设,村民享受到了较高品质的生活并促进了经济的良性循环发展;有的村建设得不

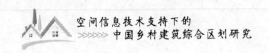

好,环境恶化等现象依旧严峻并导致经济不能健康发展。这种现象将进一步拉大村与村之间的贫富差距。

(4)队伍建设相对滞后。

当前农村基层管理人员的水平参差不齐。有的地方没有设立专门的机构或者人员来管理新农村建设;有的个别基层管理人员的水平较低,大多不能正确认识和解决新农村建设中的各种问题;有的地方的村民和干部之间还存在较大矛盾,这给新农村的建设带来了不少问题。这造成了在新农村建设中没有优秀的规划和建设思路的现象,这就要求在新农村建设中一定要抓好队伍建设。

(5)建筑质量不能保证。

有些地区的农民缺乏全局思想和环境意识,互相攀比,往往建成千村一面的住宅;建房施工基本没有设计图纸;有些农村泥瓦匠没有经过相关培训,技术工艺落后,尤其不懂得操作规范,导致房屋功能和质量低下,建筑质量隐患较大。有些地方村民的居住建筑分布散乱,相邻户之间建设缺乏统一规划、统一管理,形成各自为政的格局,主要出现的问题有朝向不同、室内标高不同、建筑风格和建筑色彩五花八门、院落围墙杂乱、宅基地大小不一、部分构筑物乱占道路等。凡此种种都应该引起有关部门的重视并加以解决。

从以上的总结分析可以看出,新农村建设必须要避免盲目攀比的规划形式,必须要避免千篇一律的建筑风格,必须要在发扬传统特色和地域特色的基础上加强传统文化保护、传统建筑保护和加强建筑质量管理。我国历史悠久、自然条件复杂、民族众多,传统和生活习俗差别很大,经济发展和人口分布也不均衡,这就使得我国各地建筑的传统特色丰富多彩,千变万化。但是,这些变化并不是杂乱无章的,是有规律可循的。只有把握了这些规律,才不至于在千变万化的状态前感到茫然和无所适从,这就是本书进行中国乡村建筑区划工作的重要意义。这项工作能够系统地揭示建筑传统的地域分异规律,是一种科学的方法,它能够使新农村建设的实际过程中贯彻因地制宜、保护传统的建筑理念,并为建筑的创作和设计提供依据。

1.1.2 理论意义

面对当前的建设热潮,若要改善我国人民的居住条件,符合实际地发展乡村建设,就应该首先掌握建筑的地域分异规律,而这个规律就是建筑区划的理论基础。各地的建筑条件和特色尽管千差万别,但不是杂乱无章的,是有规律可循的,在不同的地域之间有着显著的差异性,在同一地区之内有着一定的共同性。这种差异性和共同性按范围的大小在不同的地域有着不同的概括程度,由一般到具体,结果表现为不同等级的地域单位系统。因此,在某个研究区域范围内可以通过研究建筑地域分异规律,区别差异性,归纳共同性,把建筑分异规律归纳为一个科学体系。有了这个科学体系就能够概括性地把握千

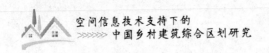

差万别的建筑情况,从而使相关工作能够结合具体情况,做到符合实际地向前发展,这就是建筑区划的重要意义。

建筑的产生和演变是在自然和文化的基础上发展的。地域建筑是地域文化在物质环境和空间形态上的体现。它不仅满足了社会的物质功能要求,更体现了人们的意识观念、伦理道德、审美情趣、生活行为方式和社会心理需求等精神需求,反映了隐含于其中的深层次的地域文化内涵,造就了建筑的地域特色。同时,地域建筑及其所产生的地域建筑环境(包括城镇聚落环境)一旦形成,就会对置身其中的人们的思想、行为、心理、生活方式等产生潜移默化的影响,造就一种新的文化情境,包藏并孕育着新的文化发展,并在与外来文化的交流融合中不断推动地域文化的改造、更新和发展;反过来,新的文化土壤又滋生新的建筑,产生新的特色。这就是地域文化与地域建筑的互动性。二者相互作用,推动着地域文化和地域建筑的不断演进。

地域性是建筑的本质属性之一,地域是通过选择与某一特定问题相关的诸特征并排除不相关的特征而划定的,因而地域本身具有同质性。地域范围不断扩大,地域性则不断减弱。对于各个历史阶段所形成的地域性特征,我们应对其进行选择性的保护,同时进行适当、合理的发展与更新,这样才能与现实社会融合。

建筑所具有的客观属性——地域性,源于建筑所在地区的自然环境的差异和人文环境的千差万别。为了研究建筑的地域特性,我们必须承认并研究这些客观差异,只有这样,才能真正发现和揭示建筑发展的客观规律,从而为其发展提供切实可行的方法和建议。

中国是一个具有悠久历史的农业大国,在全国各地的农村里存在着大量具有地域特色的建筑,其中蕴含着可供挖掘的巨大财富。特别是这些建筑是地域自然环境和传统文化的完美结合,对建筑功能和材料非常重视,并且具有独特的审美观念,这些都是现代建筑难以具备的特点,因此建筑的地域特色对中国现在的新农村建设具有重要的理论意义。

建筑的地域性还具有多学科研究的特性。建筑的地域性表示了建筑与其所在地域的自然生态、文化传统、经济形态和社会结构之间特定的关联。特定自然环境是地域性最基本的要素之一。自然环境这一研究对象被界定为自然的、客观存在的外在因素,包括气象气候、水源水流、地形地貌和动物植物等,在建筑中可表现为阳光日照、空气通风、形体空间等。地区气候是一种基本的不变力量,是决定地区文化、风俗礼仪等的深层结构,建筑只有适应本地区的气候条件,巧妙地结合自然环境,才能创造出具有宜人空间和强烈地域特征的建筑形态。材料与技术也是体现建筑地域性的重要表征之一。不同的地理环境、文化理念,使得不同地域营造建筑的材料及相应发展起来的技术也不尽相同。建筑用材一般因用量较多、体积庞大、运输困难、所占造价比重甚大等客观因素而必须就近采集与生产，并最大限度地发挥其力学、美学特长。中华文明发源地处于温带季风气候区，气候多雨湿润，有大量原始森林，木材众多，为我国传统木构建筑文化提供了物质基础，并在此基础上发展形成了独特而又灿烂辉煌的木构建筑技术体系。而西方古代建筑则以石材为主材，雅典卫城集中体现了石筑技术的先进。这些都是建筑地域性的表现，也是建筑地域性的显著影响因素。正是这些各种各样的影响因素，才导致了建筑的地域性研究和地理、生态、景观、环境、文化等学科研究的紧密联系。

从地理学的理论来看，区域研究是最基本的研究视角和分析范畴。一般来说，各个划分出来的区域在其结构上具有一致性或者整体性，并且在其空间格局上具有与其他区域单元不同的特点。建筑具有很强的地域特色和地域差异，从建筑的历史继承性和地域差异性分析入手，对某区域建筑特征进行描述和分析，从而揭示出此区域建筑发展演变的规律，是一种研究建筑地域性的有效方法。

空间信息技术主要包括遥感（RS，Remote Sensing）、地理信息系统（GIS，Geographic Information System）、全球定位系统（GPS，Global Positioning System）和虚拟现实（VR，Virtual Reality）等技术，具有强大的信息获取、数据管理、空间分析等多种功能，在地理、测绘、农业、环境、水文、地质、土地管理等多个学科的研究和应用中发挥着重要作用。区划是一种对具有空间特性的事物进行直观分类和管理的过程,而空间信息技术强大的空间信息分析能力和管理能力已经在各种区划(如资源区划、气候区划、农业区划、灾害区划等)的研究中显示出巨大的优势。应用空间信息技术进行区划研究,可以克服传统的凭经验区划的主观性,可以及时更新信息,使区划结果更具有现实意义。

综上所述,诠释建筑的地域性特征,将建筑的地域性研究与区域理论及空间信息技术紧密结合起来,是一种学科交叉的综合性分析研究,是一种有益的探索,具有重要的理论意义。

1.1.3 实践意义

席卷世界的现代建筑,其审美取向由于没有根植到地方的社会文化环境中,一旦过度应用,就会导致建筑风格千篇一律,丧失本土特色,缺乏个性。建筑的设计、方法和材料正在越来越国际化和标准化,它们更多的是随着时尚的指标变化,而没有结合本土的特色。建筑师们已经看到了这一点,于是希望从对传统建筑的研究中汲取新的养分,为城市焕发新的生命力。所以,在21世纪,建筑的思路应该从尊重环境出发,恢复对传统文化的表现,扎根于自身的民族土壤,创造出以体现地域文化为主题的建筑,为文化的再生提供更广阔、深层次的空间。

当前中国的城市化进程已进入了"加速阶段",正在进行大规模的城镇建设。如何在建设中保持原有的城市特色,如何保护环境,如何繁荣建筑艺术创作,已经提到议事日程上来。《中

华人民共和国城乡规划法》已于2008年1月1日起正式实施,它
是于2005年起,历经两年多的时间,由《中华人民共和国城市规
划法》修改而成的。这部法律明确指出,制定和实施城乡规划
时,应当保护自然资源和历史文化遗产,保持地方特色、民族特
色和传统风貌;乡村规划应当从农村实际出发,体现地方和农
村特色。这就从法律的角度出发,确定了新农村建设应该采取
重视地域特色的建设方式,同时也要求各领域的研究人员对各
地建筑的特色和传统进行研究。

为了适应现代城镇大规模建设现状和满足人们对物质生
活的追求,在当前的建设中正在使用大量的体现现代物质水平
的技术手段,主要表现在大量使用钢、混凝土、电梯等现代材料
和技术等方面。这就使得建筑会产生巨大的能耗,会产生对土
地、森林等各种资源的掠夺,会造成对文化遗产的破坏。为了
实行可持续发展战略,经国家建设部批准,从1997年12月1日
起,在全国建设部门贯彻实施《1996—2010年建筑技术政策纲
要》及包括建筑设计在内的13项专业技术政策,把坚持可持续
发展方针和以人为本的原则相结合,努力实现经济效益、社会
效益和环境效益的统一;努力开拓智能建筑、生态建筑、绿色建
筑、海洋建筑等高技术领域的建筑产品的设计研究。建筑既能
促进社会经济和文化的发展,又能给环境带来破坏等负面影
响,这种双重性迫切需要一种可持续发展的建筑观。而对传统
民居的研究正符合这种迫切需要。传统民居具有鲜明的地域

特色,它们的外形、布局、材料、结构以及采取的防寒取暖、遮阳隔热、采光通风、挡风避雨等措施,基本上都采取了适应当地环境的最为经济、有效的设计措施,从而达到舒适和节能的目的,在此基础上产生了风格各异的建筑。各地的传统民居对自然环境具有适应性,这是经过长期的选择、改进而逐渐形成的。所以,我们必须要重视传统建筑与环境相适应的重要性。

由此可见,在新农村建设中,研究不同地域建筑的特色不仅是法律法规的要求,而且是适应可持续发展、保护环境的要求。因此,本书具有一定的实践意义。

1.2 国内外研究现状

在空间信息技术的支持下,进行中国乡村建筑区划研究,目前在国内外还鲜少报道。因此这项研究是一个探索的过程,需要借鉴有关的研究成果,主要是需要借鉴建筑地域性研究、区划研究和空间信息技术研究方面的成果。

1.2.1 建筑地域性研究进展

对建筑地域性的研究可以追溯到20世纪20年代的美国建筑理论家刘易斯·芒福德,他出于对自然环境的理解,提出了对地域概念的基本认识。1954年,西格弗里德·吉迪翁提出"新地域主义",提倡一种"结合宇宙和大地情境的地域主义倾向"。同年,美国的哈威尔·汉密尔顿·哈里斯在《地域主义和民族主义》的报告中首次提出了对限制性和开放性地域主义的恰当区别。1959年,瑞典建筑师拉尔夫·厄斯金从地理和人文的角度阐述了他对地域主义的看法,将其融入现代建筑的整体发展中。1961年,保罗·里柯在《普世文明与民族文化》中建议,要想维持任何类型的真实的文化,必须生成一种有活力的地域文化的形式,同时又在文化和文明两个层次上吸收外界影响。20世纪80年代,地域主义的理论研究更加深入:挪威理论家诺伯格·舒尔兹在《现代建筑之根源》中重提"新地域主义";荷兰学者亚历山大·仲尼斯与李安·勒法维首先提出了批判的地域主义概念;肯尼斯·弗兰姆普敦在《现代建筑:一部批判的历史》中论述"批判的地域主义",并总结出7个特征。90年代以来,建筑界提出了"全球—地区建筑"的概念,提倡融合多元文化、反映时代精神,同时要保护和继承文化与地域传统,在全球化的发展进程中,寻求地域传统的当代表达。当前,对建筑地域性的研究逐渐成为学术界关注的焦点之一。

吴良镛指出,所谓"地域性",是指在设计中运用地方形式和地方材料创造与当地的人文历史、自然环境、技术经济条件等相适应的特色建筑[1]。同时,他还指出"每一区域,每一城市都存在着深层次的文化差异,发挥地区文化特点是近代学者关注的课题之一"。"正是这种各具特色的地区建筑文化共同显现了中国传统建筑文化丰富多彩、风格各异的整体特征……"1999年,在北京召开的国际建筑师协会第20届世界建筑师大会制定了《北京宪章》。其重要内容之一便是关于建筑与文化的讨论，文中更提到了建筑文化的地域性、民族性与国际性问题。由此可见，世界各国的建筑师已经开始关注地域建筑，并认识到了具有明显文化特征的地域建筑将会对未来的建筑发展产生巨大的影响。近年来，建筑的地域性研究始终是一个热点，讨论的侧重点也是多方面的。张彤在其《整体地区建筑》一书中这样描述："地区性是在一定的空间范围和一定的时间跨度中，建筑、聚落及其环境所共同表现出的与地区条件的契合。……地点性包含的是单体建筑与基地环境之间的关系。"[2]谢一平就建筑与自然环境、建筑与人文环境和建筑与生态环境的问题进行了深入的探讨[3]。张艳等从生态角度出发，提出了使建筑融入自然与地域的气候环境的建筑设计理念[4]。卢峰等指出建筑的地域性表达应摆脱原有的概念范围，突破从形式解读地域特征的单一认知方式，应从整体性高度进行研究[5]。吕昀等探索了民族文化与建筑色彩之间的关系[6]。刘艳阐述了中国地域建筑与全球化的关系[7]。卢健松结合社会发展历程，梳理了建筑地域性认知的各个阶段，对民居、乡土、建筑的民族性等概念做出分析，反思了建筑地域性研究在当前的意义[8]。茹克娅·吐尔地等从历史沿革、自然地理环境、经济条件、宗教习惯、生活习俗、文化艺术等多个方面分析了新疆维吾尔自治区民居的建筑特点[9]。赵雪亮探讨了气候、地域与建筑之间的关系，同时阐述了生态技术应用于建筑设计中的两种表现类

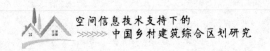

型[10]。由此可以看出，建筑的地域性研究已经成为多学科的交叉研究。

1.2.2 区划研究进展

本书认为，要研究建筑的地域性，离不开对地域的研究，这就需要从地理学的角度研究不同自然环境和人文环境下建筑的特色，而地理科学对区域的研究为我们研究地域提供了方法论。因此，有必要对其研究进展进行介绍。

区域研究是地理学最基本的视角。从现代地理学的理论来看，区域应该是地理学基本的分析范畴。"区域是一个具有具体位置的地区，在某种方式上与其他地区有差别，并限于这个差别所延伸的范围之内。"[11]

国外区划工作可以回溯到 18 世纪末至 19 世纪初[12]。地理学区域学派的奠基人赫特纳指出，区域就其概念而言是整体的一种不断分解，一种地理区划就是将整体不断地分解成它的部分，这些部分必然在空间上互相连接，而类型则是可以分散分布的。19 世纪初，霍迈尔提出了地表自然区划和区划主要单元内部逐级分区的概念，并设想出 4 级地理单元，即小区、地区、区域和大区域，从而开创了现代自然地域划分研究[13]。1898年，梅里亚姆（Merriam）对美国的生命带和农作物带进行了详细划分，这是世界上首次以生物作为分区的指标[14]。1905 年，英国生态学家赫伯森（Herbertson）就指出了进行全世界生态地域划分的必要性[15]。总的来说,由于认识的局限性和调查研究不够充分,国际上早期的区划工作主要停留在对自然界表面的认识上,缺乏对自然界内在规律的认识和了解,区域划分的指标也只采用气候、地貌等单一要素,这种情况一直延续到20世纪40年代[16]。

20世纪40年代以后,应政府和农业部门的要求,俄罗斯学者开展了综合自然区划的研究,对综合自然区划的理论和实践做了较系统的研究和总结[17]。随着生态系统概念的提出,生态区划研究也取得了较大发展。美国学者贝利(Bailey)于1976年首次提出了生态地域划分方案。他认为区划是按照其空间关系来组合自然单元的过程,并按照地域、区、省和地段4级划分出美国的生态区域[18]。他将地理学家的工具——地图、尺度、界线和单元等引入生态系统的研究中,从而有助于将生态学的数据、资料应用到生物多样性的监测、土地资产的管理和气候变化结果的解释等方面。由此,也引发了各国学者对生态自然地域划分的原则、依据,以及区划指标、等级和方法的大量研究与讨论。在国家尺度上,贝利在20世纪80年代又对区划的总体原则、方法和因子等进行了多次讨论,并对美国的生态区域划分进行了多次修改。在加拿大,National Wetland Working Group在1981年对湿地区域进行了划分,1983年,Zoltai等对生态气候区域进行了划分。在洲际尺度上,加拿大环境合作委员会(Commission for Environmental Cooperation)于1997年对北美地区进行了生态区域划分。而在全球尺度上，贝利在长期的区划工作基础上于1996年提出了生态系统地理学（Ecosystem Geography）的概念，进一步强调从整合的观点出发，采用生态系统地理学的方法对生态区域进行划分的必要性和可能性，并利用该方法对全球的陆地和海洋生态地域进行了划分，分别编制了陆地和海洋的生态区域图[19]。随后在1998年他又一次对全球尺度的生态地域划分进行了论述和区划。但是，这些区划工作主要是从自然生态因素出发，几乎没有考虑到作为主体的人类在生态系统中起的作用[20]。

我国区划思想的最早萌芽可追溯至春秋战国时期的《尚书·禹贡》和《管子·地员篇》等地理著作[12]。近代的区划研究工作起步于20世纪二三十年代，1929年竺可桢发表的《中国气候区域论》标志着我国现代自然地域划分研究的开始[21]。

1954年，林超提出了"中国自然区划大纲"，基本上反映了我国的自然地理面貌[22]。同年，罗开富在探讨各类自然地理现象之间的相互关系和相互影响的基础上，明确指出基本区是自然区而非行政区或经济区，并且提出以自然综合体或景观作为区划对象，由此而形成了"中国自然区划草案"[23]。1959年，由黄秉维主编的《中国综合自然区划（初稿）》出版，系统地说明了全国自然区划在实践中的作用及在科学认识上的意义[24]。随后，黄秉维补充修改了原有方案，明确将热量带改为温度带[25]。1989年，黄秉维全面地总结了以往经验，在揭示了地域分异规律的基础上,提出了详尽而系统的自然区划方案[26]。1961年,任美锷等对黄秉维1959年的方案提出了不同见解,把自然情况差异作为主要矛盾,并以改造自然的不同方向为基础,提出了新的区划方案[27]。赵松乔在1983年提出了"自然区划新方案",方案中提出了明确的分区原则[28]。

20世纪80年代以来,为改善生态系统和可持续发展服务的呼声日益高涨,我国生态区划发展迅速,生态系统观点、生态学原理和方法被逐渐引入自然地域系统研究。侯学煜以植被分布的地域差异为基础编制了全国自然生态区划,并与大农业生产相结合,对各级区的发展策略进行了探讨[29]。1992年,任美锷等将全国分为8个自然区、30个自然亚区、71个自然小区,按自然区阐述资源利用与环境整治问题[30]。郑度等提出了生态地域划分的原则和指标体系,构建了中国生态地理区域系统[31]。傅伯杰等在充分考虑我国自然生态地域、生态系统服务功能、生态资产、生态敏感性以及人类活动对生态环境胁迫等要素的基础上,对全国进行了生态区划分[32]。生态区划是综合自然区划的深入,它是从生态学的视角诠释区划。2002年国务院颁布了《全国生态环境保护纲要》《关于开展生态功能区划工作的通知》,我国开始在全国范围内进行生态功能区划,这是我国继自然区划、农业区划之后,在生态环境保护与建设方面进行的又一项重大基础性工作。2003年,燕乃玲等对我国生态功能区划的目标、原则与体系进行了研究,并说明了生态功能区

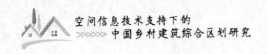

划与自然区划、农业区划及部门区划的关系,认为生态功能区划更注重人与自然的关系,是自然区划的发展[33]。

我国的部门区划研究成绩斐然。部门区划种类繁多,涵盖各种自然和人文要素。在各自的研究中,有的提出了新的方案,有的对区划的目的、原则、指标、界线及其他问题或提出不同意见或进行补充和完善。从某种程度上讲,与上述影响较大的全国性综合自然区划相比,部门(单要素)区划具有更强的应用价值。20世纪50年代至80年代,我国相继开展了植被、气候、水文、土壤、地貌等相关方面的全国性部门区划,张宝堃等在1956年提出了中国气候区划草案[34]。钱崇澍等在1956年较早地提出了我国早期较为系统的植被区划方案[35]。1959年,罗开富等进行了中国水文区划的划分,基本反映了我国的水文区域的面貌[36]。周廷儒等在1956年提出了中国地形区划草案[37]。同时,我国的区域性区划也有了较大的发展,其中以省、区为单位的区划工作最具代表性。20世纪80年代以后,伴随着市场经济的高速发展与产业转型,随着区划的理论、方法、等级单位系统等的深入研究,部门区划也取得了很大的成果,除传统的气候、地貌、土壤等区划得到改进和调整外,部门区划的生产服务性目的更加明确,也出现了一批新的部门区划。1980年,吴传钧等提出了全国农业区划方案,以20世纪70年代大量实地调查为基础,根据农业自然条件和经济条件在大的地域范围内组合的类似性,初步将全国划分为8个大农业区[38]。1981

年,周立三院士出版了《中国综合农业区划》一书,科学揭示和反映了农业生产的区间差异性和区内一致性,以及不同地区的农业生产条件、特点、潜力、方向和途径。另外,其他的部门(经济)区划(研究)也得到了发展,先后有建筑气候区划标准[39]、区域开发的"点–轴"理论[40]、中国农村经济区划[41]、中国洪水灾害危险度区划[42]和全国山洪灾害防治规划降雨区划[43]。近期我国还开展了功能区划研究,比较成熟的有水功能区划[44]、全国海洋功能区划、自然保护区功能区划等。

此外,在建筑的区划领域方面,也已有学者做出了有益的研究。英国的R. W. Brunskill所著的《乡土建筑图示手册》根据乡土建筑的各种结构及材料来源做出了区划图,以表示英国乡土建筑的分布状态。D. Yeang在《炎热地带城市区域主义》一书中,曾提出全球建筑气候分区的设想。美国长期从事建筑类型研究的F. Kniffen教授分析了美国东部房屋类型的传播及形成原因,并做出了区域图。关于气候与建筑相互关系的研究由来已久,我国早在1994年就公布了建筑区划标准。王文卿等(1992)结合地理区划,根据中国传统民居构筑形态、材料等状况,探讨了中国传统民居的自然区划。王文卿等综合自然地理学和人文地理学的有关知识,对中国传统民居的人文背景进行了划分[45]。房志勇提出了建筑生态地理区划的概念,并结合这一概念,综合建筑学、地理学、气象学的研究,对中国传统民居聚落的基本形态特征及其形成规律做了一些分析,提出了与地理区划相吻合的一些基本聚落形态特征[46]。

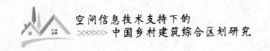
1.2.3 空间信息技术研究进展

空间信息技术是现代社会持续发展、资源合理规划利用、城乡规划与管理、自然灾害动态监测与防治等的重要技术手段，也是使地理、生态、环境、城市规划等多种学科研究走向定量化的科学方法之一。

遥感、地理信息系统和全球定位系统的广泛应用，使人们能够实时地采集数据、处理信息、更新数据以及分析数据。地理信息系统已发展成具有多媒体网络、虚拟现实技术以及数据可视化的强大空间数据综合处理技术系统。遥感影像可以实时获取、动态处理空间数据，是对地观测、分析的先进技术系统，是为地理信息系统提供准确、可靠的信息源和实时更新数据的重要保证。全球定位系统主要是为遥感实时数据定位提供空间坐标，以建立实时数据库。

钱学森院士倡导要建立地理科学体系，认为地理科学是与自然科学、社会科学、数学科学、系统科学、思维科学、人体科学、文艺理论、军事科学、行为科学相并列的科学部门，也是将地理学推向了一个新的境界[47]，而空间信息技术就是建立地球科学体系的技术保障。空间信息技术能够提供对空间数据快速和有效的提取、处理、分析和输出的能力[48~50]。尤其是地理信息系统、遥感技术的发展，为实时、动态地进行大范围监测和提取各种环境信息提供了便利。遥感图像信息在区划中的应用是按区域差异来提取所需的空间信息。地理信息系统、遥感,特别是卫星遥感,所获得的信息具有综合性、同源性、宏观性以及动态的特点,为区划提供了丰富而有效的信息,从而大大提高区划的效率和精度。空间信息技术是现代社会持续发展、资源合理规划利用、城乡规划与管理、自然灾害动态监测与防治等的重要技术手段[51]。

空间信息技术在人文社会科学研究领域中的应用已经展开,林珲等指出人类社会发展及人类文明现象的两个基本描述维度是空间和时间,由于技术限制和认识论方面的差异,以往许多人文科学与社会科学研究对现象本身属性及其时间维度描述较为重视,而对于其空间维度的研究有所忽视,或者抱有排斥的态度,并进而总结了近年来空间信息科学在人文社会科学中的研究进展[52]。

空间信息技术在城市管理方面有着广泛的应用。21世纪的城市必将有很大的发展,同时也会面临严峻的挑战。在城市规划管理、规划设计、市政建设、住宅产业、土地监测管理、环境监测评价、地质灾难防治、小城镇规划与建设以及城市化与城市可持续发展战略研究制定的众多方面,都将会出现许多亟待解决的问题,而这些问题的解决就需要建立比较完整的城市规划地理信息系统[53]。

国外已有很多报道对利用卫星遥感技术获取城市基础数据进行了介绍,如英国利用卫星遥感与地理信息系统相结合的

方法分析布里斯托尔城区的居住密度[54]；法国利用陆地卫星
TM数据监测南特市大气质量[55]；泰国利用俄罗斯的卫星数据
调查曼谷的难民营分布[56]。TM Lillesand等在《遥感和影像解
译》一书中讨论了遥感影像在农业、林业、森林管理、水资源保
护和利用等方面的利用[57]。Arai C.等探讨了高分辨卫星影像
和地理信息系统技术在政府数字地图更新中的应用[58]；Lang-
ford等用英国49块人口普查小区数据和LandSat TM影像模拟
出人口密度模型[59]。

　　1983年，北京市组织了规模宏大的航空遥感综合调查
（8301工程），进行了深入细致的分析研究并取得了显著的社
会、经济效益。之后，沈阳、太原、广州、武汉、上海、杭州、九江、
海口、三亚等城市都陆续开展了以彩红外影像为主要信息源的
城市综合遥感调查工作，涉及土地详查、热岛效应、水源及固体
污染、绿地保护、文化考古、旅游资源、道路规划等许多方面，应
用领域越来越广泛，并得到了社会的认可与支持。近些年，利
用卫星遥感技术在城市相关研究中开展了一系列工作。陈基
伟等结合上海市几轮遥感调查探讨了现代遥感技术在我国特
大型城市政府决策中的重要作用[60]；杜培军等探讨了高分辨率
卫星遥感在城市规划与管理中的应用[61]；江涛等利用多时相
TM图像，采用主成分分析法，提取城市扩展信息，使得以遥感
手段监测与研究城市发展变化的趋势成为可能[62]；詹庆明等对
遥感技术在城市规划方面的应用进行了深入的研究[63]。各地

22

不断加深遥感技术在城市规划管理中的应用,广州市将遥感影像应用到城市规划的不同层次,并进行城市建成区动态监测以及生态环境的调查研究等[64];武汉市、上海市利用遥感影像进行城市综合调查等[65]。

第2章 区划与建筑综合区划的方法探讨

2.1 区域与区域研究

2.1.1 区域的概念

区域是地理科学的一个关键术语,单从词汇上来看,区域是指一定的空间范围,它可以是普遍意义上的,大到宇宙中某个部分,小到室内的一块办公区域,它也可以是按照某一性质人为确定的,如农业区、工业区、商业区、居住区、社区、开发区等。地理学上的区域是地球上的一部分,是自然的一个空间范围。地理学上的区域,有广义和狭义之分。广义的区域是地球表层的一个部分,可以是自然的,也可以是社会经济的,如自然区划、经济区划所划分的各种区域。狭义的区域是指人类社会经济的空间形式。它虽然可能与自然条件的某些差异有关,但基本内涵是社会经济在空间上的差异。

地表物质系统以区域组合的形式限制着人类活动。地表充满着物质,所有这些物质都是一定区域的特定组合。虽然它们的区域组合形式复杂多样,各具特色,但因其具有丰富的地理联系而形成了一个巨大的空间系统,人类活动尤其是作为集团或群体的活动并不是可以随意从一个自然组合区域跨到另一个自然组合区域去的。自然的限制主要在于地表物质区域系统给人类提供了生存的可能以及它们之间形成的特定的生态关系。单一区域要素只有在区域各种要素的组合中才能体现出对人类发展的意义。

人类生存活动的区域性主要包括两个方面:由地质、地貌、气候、地表水、生物等构成的物质系统控制的人类分布区域,属于人类自然区域;由人类政治集团、经济地域实体、语言、宗教、民族和种族等分布区域构成的人类文化区域。

2.1.2 区域的特征

区域空间系统具有以下特征:

(1)区域空间是具体的。它是具体的、实在的空间和环境,与当地自然本地环境、社会经济状况密切相关。

(2)区域是一个连续的面域,区域空间研究着眼于区域内部的结构关系以及与相邻区域的关系。

(3)区域具有演化特征,随着社会发展生产力的提高,区域具有自身发展演化的过程,无论城市还是农村,与不同的社会形态和生产力发展阶段相对应有不同的区域形态结构。

2.1.3　区域科学

区域科学是一门关于区域或空间系统的开发整治、管理的综合学科。它起源于 20 世纪 40 年代末,创始人是美国学者艾萨德(W. Isard)。当时科学家们对低水平的地域经济分析很不满足,认为区域经济分析要认真考虑社会问题,要探索区域发展的机制,予以综合分析。于是美国于 1954 年成立了以区域经济学家为主,地理学家、社会学家、政治学家、工程学家、心理学家、法律学家参加的区域科学协会。1961 年欧洲协会成立,而后又成立了法语分会、德语分会、北欧分会、波兰分会、匈牙利分会、北美分会、澳新分会、拉丁分会以及加拿大、意大利、印度、日本、韩国、阿根廷等国家区域分会。1980 年召开了世界区域科学协会代表大会。1991 年中国成立区域科学协会。

区域科学发展尚未完全成熟,体系比较复杂。它是以"区域开发建设"的论题为中心的多学科研究系统,是一个比经济、社会、环境更大的综合科学体系。区域科学在城市系统和城市化问题、人口聚落和空间组织、经济发展与社会福利、经济发达与不发达国家或区域的发展政策及环境变化等方面做了大量的深入研究,提出了一个系统地解决区域问题的理论、政策、方法、技术体系,有很强的应用性。在方法上,注重理论上、模式上、模型上的演绎和推理,它把各种学科理论比较好地结合在区域分析上。

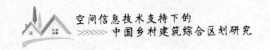

2.1.4 区域研究的视角

区域研究的视角分为几下几种：

（1）空间视角：区域研究不仅要重视区域要素空间关系的研究，而且要重视区域结构关系研究。

（2）时间视角：由于生产力发展的不同，社会组织程度的不同，不同的区域处于不同的发展阶段，区域有着自身的演化发展规律。处于不同发展阶段的区域，其产业结构、社会结构都呈现不同的形式。区域发展不仅要因地制宜，更要因时制宜，要采取与所处发展阶段相适应的对策和方法。

（3）社会视角：区域发展受控于社会组织，受地方文化的强烈影响，区域的发展也必须是社会与经济的协调发展。

（4）环境视角：一个区域的发展必须与环境相协调，环境既是区域发展的目标，也是制约区域发展的因素。各区域的环境条件不仅从资源条件、生产条件上影响到区域的发展，而且也从环境保护上强烈影响区域发展，因此，环境与社会经济发展的相互关系是区域研究的重要方面。

2.2 区划方法

区划是地理学上的一种方法，它的目的在于了解各种文化和自然现象的区域组合与差异及其发展规律。我国具有地域特色的乡村建筑景观形态丰富多彩，这一特征主要表现在传统民居的地区性的差异上,而造成这种差异的主要原因正是各区域里的自然环境与社会文化环境的不同,所以,通过区划可以找到自然环境与社会文化环境对于传统民居外环境的空间布局形态产生影响的一些规律。

进行区划的主要依据是区域的差异性。区域的差异是客观的,也是多种多样的。对区域的划分,是人们对区域差异的主观认识,或者是出于管理、建设的需要,或者是文化积淀的结果,或者是政治历史的原因。

2.2.1　区划的意义

建筑具有地域差异是一种客观存在,特别是在我国这样一个国土面积辽阔、自然条件复杂、人口和民族众多、社会经济文化状况以及生产生活习惯差异十分巨大的国家,探究建筑的地域性差异,进行乡村建筑区划,具有一定的理论意义和实践意义。

从理论意义上讲,研究乡村建筑区划的目的、意义以及分区的原则方法,将是一项探索性的工作。我国过去在这方面的研究缺乏,因而乡村建筑区划的研究,对于建筑地域性的认识,对于传统民居的认识,对于具有地域特色的建筑在新农村建设中的作用都是有益的尝试。

从实践意义上看,关于建筑的气候分区、建筑形态分区等研究的作用早已在建筑研究及我国的建设中发挥了重大作用。

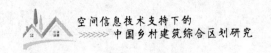
而综合的建筑分区,不仅在于认识建筑这一人文现象地域分异规律本身,最根本的目的是因地制宜地促进我国城镇化发展,促进我国的新农村建设。

通过乡村建筑区的划分,可以明确各地区建筑的地域性特色,指出各区建设中应关注的问题和侧重点,使生态、环保的建筑创作在城镇化和新农村建设中发挥更大的作用,为全国的经济建设服务。各个区域都应该有自己独具特色的建设规划和长远的发展战略,即使是一个省、一个地区,往往也会有很大的差异。一个区域套用别的区域的建设模式和建筑风格可能会导致失败,完全相同的建设模式是不存在的,因而,按照本区特有的条件,制定城乡建设的方案和政策,具有相当重要的意义,而进行区划,认识差异是开始工作的第一步。

2.2.2 区划的依据与原则

乡村建筑区划是一项崭新的工作,应该在深入分析建筑的地域性的基础上,搜集大量的有关资料并进行研究比较,这其中最应关注的应是传统民居的资料,此外还应包括文化、历史、地理方面的资料。即使是这样,产生的区划方案还不是十分严谨。因为就乡村建筑来说,获取详细的全国各地与建筑相关的自然环境、人文环境的资料十分困难。因此,仅以部分的自然和人文环境要素做出的乡村建筑区划,只是一个较为粗略的考虑。参考自然区划和人文区划的原则,乡村建筑区划主要有以

下几种原则:

(1)综合性原则。因为影响建筑的自然因素和社会文化因素是错综复杂的,这些因素之间不仅相互影响,而且随着时间的推移还不断变化,因此只能在综合分析的基础上,侧重于重要因素的分析。

(2)发生学原则。根据不同地域的建筑所处的地理环境和人文因素而定,其表现为形成过程中的一致性,或性质及表现的一致性。

(3)建筑的地域性的利用与地理环境的发展相一致的原则。这是从区划的目的出发的,乡村建筑区划目的就是整理归纳出不同区域建筑的特色,找出其精华部分加以利用,为在中国的城镇化建设和新农村建设中创造出有中国文化特色的现代建筑打下一定的基础。

(4)在区域划分中还应该保证在同一区域内,自然条件和社会、经济、文化条件具有相似性,区域现状基本特征应具有一致性。

2.2.3 区划的一般方法

区划方法是落实和贯彻区划原则的手段。因而,区划所采用的方法与区划的原则是密不可分的。区划的目的不同,所采用的方法也有很大的差异。归纳起来,国内外目前采用的区划方法主要有:

（1）顺序划分法，又称"自上而下"的区划方法。它是以空间差异性为基础，按区间差异明显，区内同一性显著的原则以及区域共轭性划分高级区划单元，再依此逐级向下划分。一般大范围的区划和区划高、中级单元的划分多采用这一方法。

（2）合并法，又称"自下而上"的区划方法。它是以相似性为基础，从划分最小区域单元开始，按相对一致性原则和区域共轭性原则依次向上合并。多用于小范围和区划低级单元的划分。

（3）叠置法，是将若干自然要素的分布图和区划图叠置在一起，得出一定的网格，然后选择其中重叠最多的线条作为综合自然区划的依据。叠置法可以减少主观性和任意性，并有助于发现一些自然现象之间的联系。但是，自然界各种现象都有其发展规律，所处发展阶段也各不相同，特别是在资料不完整的情况下，如果机械地运用叠置法，有时会得出错误的结论。

（4）主导标志法，是在综合分析的基础上，选择主导标志作为区划的依据，由此得出区划界线，这种界线意义比较明确。但如果机械地运用这种方法，往往不能正确地表现出自然界的地域分异规律，区划界限有时会带有主观任意性。

（5）地理相关法，是在比较各项自然现象的分析图、分布图和区划图，了解自然界地域分异规律的基础上，再按若干重要因素互相依存的关系，制定区划界线的依据。

上述这些方法应当结合使用，它们的共同内容是根据自然界地域分异的因素,通过各种现象与对象因果关系的分析,选出可以作为区划依据的因子。

(6)聚类分析法。近年来,随着科学技术的发展,聚类分析法逐步运用到自然区划中来。聚类分析是为了把互相差异的自然地理区域或现象进行分类和归纳,用相似系数与差异系数反映被分类对象之间亲疏程度的数量因子。两个客体之间的相似系数越大,其对应的差异系数就越小,这两个客体的关系就越密切,合并成一个区的可能性也就越大。

2.3　建筑综合区划

建筑综合区划,一般以分散的、不同的若干与建筑相关的实际资料,利用一定的自然和社会人文要素形成一定的建筑原理,运用多种要素作为区划的依据,所完成的图件,是描述多种建筑条件特征及其相互关系的综合图,它通常在大范围内进行,如制定技术政策、宏观指导、区域规划、村镇规划等。这种区划意义显而易见,首先,它能够描述多种自然和人文要素的综合或组合的区域差异、展示各个要素之间的相互关系,在此综合分析的基础上,可以做出优先发展的关于建筑的对策和方案;其次,它可以利用历史上关于自然和人文研究的一切成果,来对广大地区进行有方向的预测,因为科学发展的实际情况表明,与建筑有关的自然和人文要素的研究大大超过了建筑本身的研究,所以应该借助与建筑相关的自然和人文要素去研究建

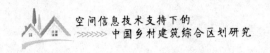

筑,这是科学发展过程中,各学科之间的相互促进所要求的[66]。

2.3.1 建筑区划与建筑区分类、建筑规划

建筑业中分类的方法用的很多,建筑区分类就是其中一种。任何分类都是以质的共同性进行抽象和概括的结果。建筑区分类最初是在一些地区,根据现有的生产和研究资料进行抽象和概括,建立建筑区分类标识和指标,作为进一步认识和实践的基础,即类推的基础,其他地区只要符合分类的标准和指标,在性质上有相似性,一般就可以做相同的对待和处理。类型区分布的地区,形成过程可以不同,但性质必须相似,空间分布不连片,可在地表上重复出现。区划也是一种科学的方法,一切与地球科学有关的产业,都经常使用区划的方法,如农业区划、交通区划等。建筑区划是根据地域分异规律,以多项与建筑有关的自然和人文要素进行划分,建立起建筑区划的等级体系。每个地区在发生上具有统一性,空间上连成一片,地表上独一无二,具有不可重复性。地区的名称,通常冠以地名或地理方位。建筑区分类和建筑区划也有一定的联系。建筑区分类要以一定地区的研究为依据;建筑区划要以一定类型的研究为基础。分类的发展是区划,分类解决其相似性,区划解决其特殊性[66]。

建筑规划是从一定的地域范围出发,根据社会的需要和可能,研究制定出在今后一段时间内建筑业发展的目标,以及实

现这一目标所提供的能力和所做的对策及部署。建筑区划则是在一定的地域范围内,通过调查研究,在认识和掌握关于建筑的各种要素地域分异规律的基础上,根据这些要素造成的建筑条件和特点的相似性与差异性,按照一定的原则和方法,划分出各种建筑区域,以便进行因地制宜、符合实践的建设工作。建筑区划是一种科学方法,能提供建筑现象最基础的资料,而建筑规划是为了达到某种社会需要的目标,指导和管理建设工作的发展。建筑区划着眼于建筑的历史过程和现状特征,而建筑规划着眼于建筑的发展前景。建筑区划研究各种建筑相关要素的历史和现状,是客观的科学论证,而建筑规划是在建筑发展的科学论证和预测的基础上,进行的主观能动性的工作。

2.3.2 建筑区划的必要性

改革开放以后,我国乡村发生了巨大变化。多种经营模式的推进,极大地调动了亿万农民的积极性。农民的收入不断增加,迫切需要改善居住条件,于是在我国广阔的农村大地上,出现了大兴土木、城镇化建设的热潮。面对这股热潮,需要及时而正确地进行宏观引导和决策,以谋求经济、社会和环境的全面利益,这就迫切需要进行乡村建筑综合区划。

我国国土辽阔,自然地质、地貌条件多种多样,人口分布和经济发展不平衡,使得各地区的建筑条件和特点都相当复杂。为使我国各族人民能够适应环境,利用自然,巧妙构思,发展具有地方特色的乡村建筑,更好地改善居住条件,更加符合实际地发展建筑业,调查、整理、总结有关建筑条件和特点的资料,建立多级区划的科学体系,用来分地区、分层次地指导建筑中的实际工作,是十分必要的。

2.3.3 中国乡村建筑的特点

中国的乡村建筑就是坐落在乡村中的建筑,与城市建筑相比,具有以下特点:

(1)乡村建筑的规模小而分散,呈"面"的状态,接触自然环境多,受自然的影响强烈;城市建筑是规模大而集中,呈"点"的状态,接触自然环境少,受人工的影响强烈。

(2)乡村建筑是在经济水平相对较低和科技水平相对发达的情况下建造的,一般要顺应自然,利用自然,较多地考虑当地的气候、地形等自然条件;城市建筑则可以利用资金优势和科技力量,在有限的空间内建造人为的生活环境,在建设过程中常采用人工措施。

(3)乡村建筑是经过长期历史传承的传统建筑,反映着当地生活习俗、民族特点和实践经验,这是形成一定建筑形式和风格的文化因素;大多数的城市建筑是时间较短的现代建筑,因受外来多种文化影响,表现出多种形式和风格。

(4)村镇建筑的建筑材料通常是就地取材,常形成一定的建筑形式和风格;城市建筑一般使用外来的建筑材料,建筑形式和风格既有趋同现象又五花八门。

总之,乡村建筑受自然环境、历史文化和技术经济的影响较大,对乡村建筑进行区划具有重要意义。

2.3.4 乡村建筑综合区划的目的、任务和作用

乡村建筑综合区划的目的是概括地阐明各个地区建筑条件和热点的基本情况,为所在地区人民认识、改造自然和重新审视自身经济、社会人文特点提供科学的资料和依据,使其从自然和历史出发,经过人为,再回归自然和历史,为所在地区人民建设家园服务。

乡村建筑综合区划的任务是在可持续发展的指导思想下,按照乡村建筑的专门要求,以区划的方法,根据当地建筑特点和资料,结合自然、环境、人文等条件,进行分析、综合、比较、概括和抽象,最后以其建筑条件与特色的差异性和相似性,划出各具特色的建筑条件区域。根据不同区的不同建筑条件和发生、发展过程,分别评价在建设时有利的因素和不利的条件,使建设中的规划、勘察、设计、施工和管理等过程的工作,始终在有基础资料的情况下,沿着合理的方向发展,从而加速合理的建设进程。

乡村建筑综合区划的作用主要有以下两点:

(1)建筑区划是对各区域之间的建筑条件和特色求同存异的一种科学研究。因此,它不但可以清楚地认识建筑条件的优

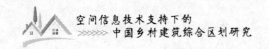

劣,使建设工作始终在比较符合实际的情况下开展,而且能够把个别的建筑条件和建筑特点纳入广阔的区域系统中,使之能更好地分析、综合、比较、概括和抽象,从而较轻易地探索建筑条件的发展规律,用于在更高层次上指导建筑的实践。

(2)建筑区划能利用建筑的地域差异性和共同性的规律,也就是利用自然环境在地理上的空间分布和时间发展规律,为乡村建设服务。

第3章 中国乡村建筑自然环境区划研究

　　建筑及其周围的自然状况,包括气候、地形、植被、水文等自然环境要素以及更为广阔的自然背景与建筑是紧密关联的,尤其是农村建筑,其所处的自然环境作用更为明显[67]。因此,要研究中国乡村建筑区划,必须首先要将建筑和自然结合起来,考察建筑所处的自然背景中气候、地形、植被等要素的情况并做出它们的区划。

3.1 基于空间信息技术的建筑气候区划研究

3.1.1 建筑与气候研究

3.1.1.1 气候及气候学

　　气候一词在希腊语均表示倾斜、斜度,暗示太阳投射角对环境条件的控制。古希腊人对"气候"一词的使用表明古希腊人很早就产生了朴素的科学思想,从能量流的观点上分析出了气候的形成与太阳的关系。这一来自希腊古典时期的学术理念传承给了后来的天文学家和地理学家,这些学者将地球划分为不同的气候带或地带,分别对应于太阳高度角的变化导致的气温差异。热带赤道地区气候炎热,正午时太阳通常垂直于头顶上方;温带地区,太阳在正午时对南北半球都具有适中的高度角;极地寒冷地带,太阳高度角低,一年中的部分时间没有太阳。在西方古代,人们对气候的体验一直与观察太阳密不可分。

中国古代,气候一词意指时节,战国时期的《黄帝内经·素问》一书中载有:"五日谓之候,三候谓之气,六气谓之时,四时谓之岁。"到了后来,气候一词意义逐渐发生变化,成为"天气之综合"。

《中国大百科全书》把气候解释为:"地球上某一地区多年的天气和大气活动的综合状况,它不仅包括各种气候要素的多年平均值,而且包括极值、变差和频率等。"

可以说,气候是一地多年天气的综合表现,包括该地区多年的天气平均状况和极端状况。气候常因地理纬度、水陆分布、地面植被与地形地貌状况不同而不同。气候不仅因地而异,而且因时而异,始终处于动态变化之中,没有全年都舒适的气候,气候总是在舒适与恶劣之间处于动态状态。即使在最恶劣的气候条件下,也总可以找到能够被我们利用的有益气候要素[68]。

气候学,作为大气科学的一个分支,是研究气候形成及气候特征的空间分布和时间演变的学科,也是气象学与自然地理学间的边缘学科。气候学在工农业生产和国防建设中有着广泛的应用,与人们的日常生活也密切相关。随着现代社会的发展,气候因素在各相关学科中越来越受到人们的重视,因而,气候学各分支(如农业气候学、林业气候学、工业气候学、航海气候学、航空气候学、建筑气候学、医疗气候学、体育气候学、环境污染气候学等)交叉边缘学科也应运而生。

3.1.1.2 建筑气候的含义

建筑气候的研究目的是要弄清建筑物与气候之间相互作用的规律,明确各气候因素对建筑的影响,科学地提出建筑上有关自然气候条件的设计依据,明确各气候区建筑设计的要求、设计原则与相应的技术措施,使建筑设计者在设计中能充分适应和利用当地气候的有利因素,同时在设计中改善和控制当地的不利因素[69]。

3.1.1.3 建筑气候研究的意义

1. 气候的差异性导致建筑的多样性

公元5世纪收录在希波克拉底医学学派文集里一篇题名为"空气、水和环境的影响"(*Influence of Atmosphere, Water, and*

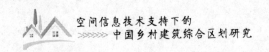

Situation)的文章中指出:"但凡拥有广阔面积和多变气候、季节的国家,也拥有广大荒无人烟、千变万化的地形地貌,包括众多的山脉、森林、平原和牧场;而在季节变化不大的国度,景色则显得千篇一律。"[70]

纬度、太阳方位角、地球自转及大气环流在各地区形成不同的气候因子,造成地球表面不同地区的气候差异性。气候的差异性导致自然环境的多样性,自然环境的多样性产生人类文化及建筑形式的丰富性。近地面地区生物的生存、人对自然资源的利用与开发、各种建造活动等人为因素的影响,造成森林数量的减少。大气中CO_2浓度增高,温室效应增强,改变了大气的组成结构,使局部气候状况出现变化,形成特定地区的微观气候特征。建筑的构造受宏观气候与区域微观气候的共同作用,气候差异性在不同地区建筑特征上呈现出一定的多样性。建筑是对气候环境、地形、地貌条件的被动适应与主动创造的结合。

2. 建筑气候与环境问题

19世纪末期,西方走向工业化,城市人口骤增,生产集中破坏了城市原有的生态系统平衡;大气污染,环境质量下降,城市的聚集及规模的扩大,短期内超出城市作为生物有机体所能承受的最大限度,也带来了人的居住环境及生活水平下降。

伴随着环境问题及不可再生矿物质的大量开采,世界范围内普遍出现了能源短缺的局面。20世纪70年代,石油危机的爆发敲响了能源有限的警钟,世界人口的增多、城市化速度的加快、发达国家的高能耗加重了能源匮乏的局面。据统计,在社会总能源消费中,50%的能源被建筑所消耗,而在建筑的整个生命周期内,包括建筑的建造、使用及维护过程中各项能耗分配上,约40%的用于建筑使用中的空调能耗[71]。如果仍以现在的速度使用不可再生资源的话,地球资源将在不久的将来消耗殆尽。目前,人们已经意识到生态系统的脆弱性以及资源消耗与人类可持续发展之间维持良性关系的重要性。

同时,气候也在逐渐发生变化。自19世纪末以来,随着大量的工业生产及温室气体排放的增加,地球温度持续升高,并带来了相应的环境问题。在随后的100年内,预测地球温度将有2~3℃的大幅度上升,每10年温度平均将上升0.2~0.59℃。全球气候的变暖趋势无疑将给整个生态系统带来严峻的挑战。

地球资源的逐渐匮乏、生态危机、环境污染等问题的暴露,加强了人们对建筑问题的各种思考,自然环境的逐渐消失引起人们对场所及气候敏感性问题的关注。随后,建筑设计思维向能源利用、气候及环境综合考虑方向发展,人们在各种美学思潮中不断地修正自己的观念,社会的需求把人们的注意力转移到对生态的关注上来。对建筑的思考在近年来发生了极大的变化,主要表现如下。

(1)解决资源问题:建造中节约土地、原材料、矿物质等不可再生资源;

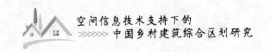

（2）解决环境问题：保持水土、植被、生物的多样性及生态平衡，建筑中尽可能地利用风、光及地热等可再生能源以减小不可再生资源的消耗，减小 CO_2 排放量对环境造成的污染。

随后，结合气候的建筑设计出现了三种趋势[72]：第一种，坚持人与自然的和谐关系。设计的出发点应尊重自然，以自然主义美学观念、价值观、伦理观为思想基础，追随远古时期人与自然的和谐共处。第二种，现代建筑运动与地方性的结合，建筑设计表现出一定的乡土性特征。虽然没有形成国际化趋势，但却对资源、环境与建筑美学问题进行了有力的探索。第三种，随着技术的进步，一些学者把生物气候设计的方法体系化，以技术作为实现能源利用、环境保护的重要手段，建筑结合气候的设计方法摆脱技术决定论的限制而趋于灵活化。

3. 建筑气候与文化

文化的特征在于继承与传播，文化是人们在应对各种自然环境和生存问题的创造性活动，是人们改造生态及资源利用方式，通过开发多种生态系统而得以谋生的本能[73]。其中最重要的活动是建筑的出现，满足了人类遮风避雨的使用需求。人类自从建造庇护所以来，气候问题已经成为制约人们建造行为的重要影响因素，远古的人们就已经学会如何与酷暑及严寒做斗争，并利用太阳与地域性原始材料相结合建造舒适性场所来适应当地的气候条件。热带地区，为躲避炎热，人们创造了最早的蒸发降温技术，加速空气流动及避免太阳直射以保证室内温度平衡;寒冷地区,人们尽量利用当地石材、石灰、麦秆、黏土等作为建筑材料躲避寒冷,利用太阳光保持建筑物室内温度的恒定。没有建筑师的建筑从另一个角度向现代人展示了远古人应对自然环境及气候条件的各种建造措施,许多建筑形态与岁月冲刷之后的自然构筑物类似,表明人类有最初所具有的生物本能,为达到舒适性目的而采取的各种有意识的建造活动,这些都构成了人类丰富的历史文化积淀。

3.1.1.4　与建筑相关的气候要素

长久以来,人们择地而居,选择并适应着不同的气候环境。不同的生产生活方式带来相应的居住模式。为适应不同气候并尽量改善不利气候条件,作为遮风避雨的建筑也因气候而异。

建筑气候学就是要研究建筑物如何适应气候特点,创造适宜的室内小气候以及建筑的气象效应的科学[74]。不同的国家与地区,有不同的气候类型,针对当地居住气候条件中不同的主要矛盾,对建筑物有不同的要求,不同使用目的的建筑物,也有不同的气候特性。不同的气候条件给建筑设计带来各种要求:炎热地区的建筑往往需要考虑隔热、降温、通风、遮阳;寒冷地区则需考虑保温、防寒、采暖等。我国地域广阔,气候形态多样,建筑形态及分布与气候紧密相连。20世纪80年代以来,人们在传统的三大建筑要求(健康、安全、舒适)的基础上,提出了更高的要求——资源利用和管理,重点在于有效地利用能源和资金。这就要求建筑师们更加重视和利用气候要素。

气候要素是表征某一特定地点和特定时段内的气候特征或状态的参量。狭义的气候要素即气象要素,如空气温度、湿度、气压、风、云、雾、日照、降水等。广义的气候要素还包括具有能量意义的参量,如太阳辐射、地表蒸发、大气稳定度、大气透明度等。

建筑物需要防止温度、湿度、风压、太阳辐射、化学或生物侵害以及环境灾害(如洪水、地震、火灾等)带来的剥蚀和坍塌。利用自然气候条件取得热温舒适、音响舒适、视觉舒适、空气质量良好、功能齐全和整体外观效果等。建筑规划、布局、地基基础、结构、设备、给水、排水、施工等都需要针对建筑特性和要求对气象条件进行细致的计算,并以此为指标值,参考相应的建筑规范,作为设计的依据。表3-1列举了建筑业首要关注并需要一一顾及的建筑特性及相关气候因素。

表3-1 建筑特性与气候因素

建筑特性		相关的气候因素	建筑特性		相关的气候因素
建筑整体	湿度	雨、雪、冰、水汽渗漏扩散凝结	建筑整体	热效应	空气温度辐射温度
	温度	绝热效果;传热;冰冻周期		视觉效果	环境光度;工作光度;对比度;亮度系数;色彩

续表

建筑特性		相关的气候因素	建筑特性		相关的气候因素
建筑整体	空气流动	空气外流；空气内流；风压	建筑整体	空气质量	换气速率空气环流大气污染能量污染电离福射、微波、无线电波、红外线等
	辐射、照明	环境辐射；太阳辐射；可见光谱		辐射、照明	环境辐射；太阳辐射；可见光谱
	防灾	地震；洪水；飓风		防灾	地震；洪水；飓风

　　影响建筑气候的主要气象要素是日照与太阳辐射、气温、空气湿度、风和降水等[69]。

　　1. 日照与太阳辐射

　　日照，指阳光直接照射到物体表面的现象。由于日照强度与建筑的地理纬度、太阳高度角、大气透明度、天空云量和海拔高度有关，因此不同气候区和位置的建筑日照条件各不相同。通常用W/m²表示建筑表面吸收的日照程度。在北欧，每年建筑表面所获得的日照通常低于900W/(m²·a)，但在南欧就有可能达到2000W/(m²·a)以上。日照形成了太阳辐射，这对建筑的影响很大，在我国南方某些地区，夏季高度角可达到80°；而冬季日照范围则在120°左右，高度角为35°左右。在北方地区，夏季日照范围则可能达到260°，高度角为60°；冬季日照范围为110°

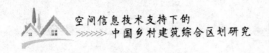
左右、高度角为12°左右。因此日照条件决定了建筑的最佳自然朝向[75]。

2. 气温

室外气温通常指距地面1.5m背阴处的空气温度,但受太阳辐射强度、气流状况、地面覆盖情况以及地形等因素的影响较大。它是各地气候划分的主要指标,是人体舒适度的重要因素。

3. 空气湿度

空气湿度是指空气中的水蒸气的含量。水蒸气主要来自于水面和其他潮湿的表面以及植物的蒸发,经过风的携带遍布到空气中。空气湿度的大小多用相对值表示。相对湿度指一定温度、一定大气压下,湿空气的绝对湿度与同温同压下的饱和蒸汽量的百分比。相对湿度能够直接反映当时的空气距离饱和时的程度[69]。

对人体而言,空气湿度过高会影响皮肤排汗的蒸发散热效率及人的舒适感。夏季空气湿度过高会使人感觉闷热,冬季空气湿度过高会使人感觉寒冷。根据室内热状况和通风标准,通常把由于湿度过高而对健康可能产生影响的室内相对湿度值作为上限,上限值一般在60%~80%之间,一般认为最适宜的相对湿度在50%~60%之间。

4. 风

风主要是由于地球表面接收的太阳辐射不均匀所引起的

空气流动造成的,同时极易受到地形、地势、地表覆盖、水陆分布等局部因素的影响。根据风的成因、范围和规模,风可分成大气环流、季风、地方风等类型。在炎热地区,风是人体和建筑散热的重要手段,在寒冷地区,寒冷的北风则是需要防备的。室外风速值对室内换气量及外围护结构外表面的换热能力都有很大影响,从而直接影响室内热环境。建筑的选址、布局必须考虑到当地的风速和风向,内部空间设计也会影响气流在建筑中的通畅程度。

5. 降水

降水是指从大气蒸发出来的大量水汽进入大气层,经过凝结后又降到地面上的液态或固态水分。降水主要包括雨、雪、冰雹等。降雪是我国冬季北方地区区别于南方地区的一个气候现象。

3.1.2 空间数据插值方法研究

获得准确的气候特征空间分布图是进行建筑气候分区的首要条件和重要环节,能否对气候特征的空间分布正确表征,生成准确而可靠的气候特征空间分布图,直接影响到建筑气候分区的正确性。根据国家公布的建筑分区划分标准中温度、湿度等指标,通过全国气象站的数据绘制精确的气候特征空间分布图是进行建筑区划的关键环节。要获得准确的气候特征空间分布图,需要大量的采样数据,然而这需要投入大量的人力、

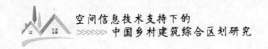

物力和财力,因此,研究如何使用少量的点状气象站观测数据,获取面上的准确的气象特征空间分布图就显得尤为重要。

　　克里金插值法实质上是利用区域化变量的原始数据和变异函数的结构特点,对未采样的区域化变量的取值进行线性无偏最优估计的一种方法。从数学角度讲就是一种对空间分布的数据求线性最优无偏内插估计量的一种方法。更具体地讲,它是根据待估样点(或待估块段)有限领域内若干已测定的样点数据,在认真考虑了样点的形状、大小和空间相互位置关系,待估点和样点之间的相互空间位置关系,以及变异函数提供的结构信息之后,对该待估样点值进行的一种线性无偏最优估计。克里金插值法与普通的估计不同,它最大限度地利用了空间取样所提供的各种信息。在估计未知样点数值时,它不仅考虑了落在该样点的数据,而且还考虑了邻近样点的数据,不仅考虑了待估样点与邻近已知样点的空间位置,而且还考虑了各邻近样点彼此之间的位置关系。除了上述的几何因素外,还利用了已有观测值空间分布的结构特征,使这些估计比其他传统的估计方法更准确,更符合实际,并且避免系统误差的出现,给出估计误差和精度[76,77]。这些是克里金法的最大优点。但是,如果变异函数和相关分析的结果表明区域化变量的空间相关性不存在,则空间局部插值的方法不适用[78]。

　　如果区域化变量满足二阶平稳或本征假设,对点或块段的估计可直接采用点克里金法(Puctual Kriging)或块段克里金法

（Block Kriging）。这两种方法是最基本的估计方法，也称作普通克里金法（Ordinary Kriging，OK）。如果样本是非平稳的，即有漂移存在，则采用泛克里金法（Universal Kriging）。对于有多个变量的协同区域化现象，则可以采用协克里金法（Co‑Kriging）。协克里金法是用几个变量的测量数据对所感兴趣的一个或多个变量进行估值的一种方法，它不仅结合了空间的相关性，还考虑了目标变量与辅助变量之间的相关性，往往比普通克里金法给出更好的估测结果。文献中已经报道过许多用协同克里金法和容易测量的资料去提高难于测量的变量的估值精度的例子[79,80]。

　　本书阐述了克里金法的原理和方法，在介绍了几种基本的克里金估测法的基础上，根据全国气象站点的资料，制作了全国气象特征的空间分布图。

3.1.2.1　空间变异理论

1. 区域化变量理论

　　那些显示出一定结构性和随机性的变量呈现空间分布时，就称为区域化。区域化变量（regionalized variable）是一种在空间上具有数值的实函数，它在空间的每一个点取得一个确定的数值，即当由一个点移到下一个点时，函数值是变化的。区域化变量具有两个最显著且最重要的特征，即随机性和结构性。其中随机性是指变量在空间上是随机的、不规则的、难以预测的；结构性是指变量在空间上具有某种程度的自相关性，这种自相关依赖于分隔两点之间的距离及变量的特征。这似乎是区域化变量两个自相矛盾的性质。但正是这两种性质能使区域化变量在所研究的某种自然现象的空间结构和空间过程方面具有独特的优势[76]。首先,区域化变量是一个随机函数,它具有局部的、随机的、异常的性质;其次,区域化变量具有一般的或平均的结构性质,即变量在点 X 与 $X+h$(h 为空间距离)处的数值 $Z(x)$ 与 $Z(x+h)$ 具有某种程度的自相关,这种自相关依赖于两点间的距离 h 及变量特征,这就体现其结构特征。区域化变量的结构性和随机性往往是数学或者统计意义上的特征。对于研究某一具体变量时,它还具有空间的局限性、不同程度的连续性和不同类型的各向异性。空间局限性是指区域化变量被限制在一定的空间范围内。不同的区域化变量具有不同程度的连续性,这种连续性是通过相邻样点间的变异函数来描述的。例如,土壤厚度这个变量就具有较强的连续性,而土壤中某种元素的含量往往只有平均意义下的连续性。在某种特殊意义或情况下,连这种平均意义下的连续性也不存在,这种现象称为块金效应(nugget effect)。区域化变量如果在各个方向上的性质变化相同,更准确地说是变异相同,则称为各向同性(isotropy),若在各个方向上的变异不同,则称为各向异性(anisotropy)。分析各向同性或者各向异性,主要是考虑区域化变量在一定范围内样点之间的自相关程度。超出一定范围之后,相关性减弱或者消失。

2. 变异函数

根据区域化变量的特点,可以找出一种合适的函数或模型来描述,它既能兼顾到区域化变量的随机性又能反映它的结构性。具体做法就是提出简单的空间变异性的表达式,并导出求解问题的相容条件和运算方法。

变异函数是地统计学方法的基本工具,它通过测定区域化变量分隔等距离样点间的变异来研究变量的空间相关性。区域化变量 $Z(x)$ 对于所有的距离向量 h,增量 $\left[Z(x)-Z(x+h)\right]$ 都有有限方差,且不取决于位置 x,故区域化变量 $Z(x)$ 在分隔距离 h 的两点 x 和 $(x+h)$ 之间的变异,可以用它们的增量 $\left[Z(x)-Z(x+h)\right]$ 的数学期望(即区域化变量增量的方差)来表示:

$$2\gamma(h)=Var\left[Z(x)-Z(x+h)\right]=\frac{1}{N(h)}\sum\left[Z(x_i)-Z(x_i+h)\right]^2$$

（3-1）

其中,$\gamma(h)$ 为半方差变异函数,$2\gamma(h)$ 为变异函数,由于两者使用时不会引起本质上的差别,因此,$\gamma(h)$ 也称变异函数。

对于观测的数据系列 $Z(x_i)$(其中 $i=1,2,3,\cdots,n$),样本变异函数可由式(3-2)计算:

$$\gamma(h)=\frac{1}{2N(h)}\sum_{i=1}^{n}\left[Z(x_i)-Z(x_i+h)\right]^2 \qquad （3-2）$$

其中,$N(h)$ 为被样点间距离 h 分隔的试验数据对 (x_i,x_i+h)

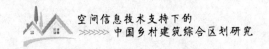

的对数，$Z(x_i)$和$Z(x_i+h)$分别是在点x_i和(x_i+h)处样本的测量值，h为样点间距离，又称滞后距。

变异函数一般用变异曲线（图3-1）来表示。它是一定滞后距h的变异函数值$\gamma(h)$与该h的对应图，图3-1是一个理想化的变异曲线图，图中的C_0称为块金效应（nugget），它表示在极短的样本距离（$h\approx0$）之间变异函数从原点的跳升值（不连续性），它是由样点误差和短距离的变异性引起的。C_1称为局部基台值，a称为变程或相关距（range）。当$h\leqslant a$时，任意两点间的观测值具有空间相关性，这个相关性随h的变大而减小；当$h>a$时就不再具有相关性，a的大小反映了研究范围内某一观测值的变化程度，从另一个意义看，a反映了影响范围，例如可以用在范围a以内的信息值对待估域进行估计。C_0+C_1称为总基台值（sill），它反映某区域化变量在研究范围内变异的强度。

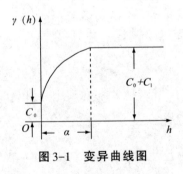

图3-1　变异曲线图

3. 变异函数的理论模型

尽管变异函数有助于解决一定区域内某一区域化变量的变化特征及结构性状,但它纯粹是一个数据的概括技术,当定量地描述整个区域时,还必须给变异曲线配以相应的理论模型,这些理论模型将直接参与克里金计算和其他地统计学研究。

(1)常用的理论模型。

球面模型:

$$\gamma(h) = \begin{cases} 0 & h = 0 \\ C_0 + C_1\left[\dfrac{3}{2}\left(\dfrac{h}{a}\right) - \dfrac{1}{2}\left(\dfrac{h}{a}\right)^3\right] & 0 < h < a \\ C_0 + C_1 & h > 0 \end{cases} \quad (3-3)$$

当 $h = \alpha$ 时,$\gamma(h) = C_0 + C$,所以该模型的变程为 α。

高斯模型的数学表达式为

$$\gamma(h) = \begin{cases} 0 & h = 0 \\ C_0 + C_1\left[1 - e^{-\left(\frac{h}{a}\right)^2}\right] & h > 0 \end{cases} \quad (3-4)$$

当 $h = \sqrt{3a}$ 时,$\gamma(h) \approx C_0 + C_1$,所以该模型的变程为 $\sqrt{3a}$。

指数模型的数学表达式为

$$\gamma(h) = \begin{cases} 0 & h = 0 \\ C_0 + C_1\left(1 - e^{-\frac{h}{a}}\right) & h > 0 \end{cases} \quad (3-5)$$

当 $h = 3\alpha$ 时,$\gamma(h) \approx C_0 + C_1$,所以该模型的变程为 3α。

线状模型的数学表达式为

$$\gamma(h) = \begin{cases} C_0 & h = 0 \\ Ah & h > 0 \end{cases} \qquad (3-6)$$

当 $h = 0$ 时，$\gamma h = C_0$；当 $h > 0$ 时，$\gamma(h) = Ah$，A 为常数。

（2）选择变异函数模型的实用原则。

在选择变异函数模型时，必须注意以下事项[81]：

①对样本变异函数值进行分段线性拟合不一定能保证产生一个有效的模型。

②最小二乘法的曲线拟合不是最佳的，一般来说甚至不是合适的选择变异函数模型的方法。

③因为 $Z(x_1), \cdots, Z(x_n)$ 的联合分布的类型是未知的，所以许多统计学方法，如假设检验、置信区间等都是不能直接应用的。

当根据样本变异函数值拟合变异函数模型时，应遵循以下重要的实用原则：

①用来计算样本变异函数值的数据量应足够大，一般应该大于30个数据点[76]。

②只用分离 $h \leqslant L/2$ 距离的样本变异函数数值来拟合模型，L 是在研究区域沿某一方向的最大尺度，例如，在一维的研究区域内，就等于区域长度；在二维的矩形区域内，L 就是最长的对角线的长度。这是因为在大分离距离下的测量资料代表样本采样地边缘的方差结构，而不是样本主流的方差结构[82]；

③在拟合过程中，将更多的注意力集中在较小分离距离的样本变异函数值上。在地统计学的应用中，近距离的变异函数值比远距离的变异函数值起的作用更大。

通常的做法是用从上面介绍的标准模型中选择一个模型来拟合样本变异函数值,从拟合曲线得到模型参数的初步估计值,然后用下面的交叉验证法逐步使变异函数模型完善。

4. 交叉验证法

地统计学中变异函数的理论模型的建立与普通统计学中回归模型的建立一样,为了使理论模型能最充分地描述所研究的某一区域化变量的变化规律,对该理论模型中的三个参数进行检验,观察该模型是否精确地从理论上反映变量的变化规律。常用的检验方法是交叉验证法(Cross-Validation)。交叉验证法的具体步骤如下:

(1)根据采样数据计算的样本的变异函数值和以上选择变异函数模型的实用原则,初步选定一个变异函数模型及其参数值;

(2)将第一个测量值 $Z(x_1)$ 暂时从数据系列中除去;

(3)用其余的测量值、克里金法和选择的变异函数模型来估计 x_1 点的值 $Z^*(x_1)$;

(4)将 $Z(x_1)$ 放回数据系列,重复(1)~(2)对其余的点进行估计,得到估计值 $Z^*(x_2)$,$Z^*(x_3)$,$\cdots$,$Z^*(x_n)$;

(5)用原始资料 $Z(x_1)$,$Z(x_2)$,$\cdots$,$Z(x_n)$ 和估计值 $Z^*(x_1)$,$Z^*(x_2)$,$\cdots$,$Z^*(x_n)$ 来进行统计计算;

(6)通过统计计算,判断模型的好坏;

(7)如需要,可适当调整参数值或另选模型然后重复步骤

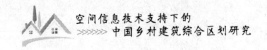

(1)~(6),直到结果满意为止。

3.1.2.2　空间估测方法

1. 普通克里金法

普通克里金法(OK)假设变量 Z 的均值为常数,协方差函数和变异函数存在。由于这种方法简单而被广泛应用于空间插值。

$$\hat{Z}(x_0) = \sum_{i=1}^{n} \lambda_i Z(x_i) \qquad (3-7)$$

其中,为了保证无偏估计,$\sum_{i=1}^{n} \lambda_i = 1$,普通克里金法插值结果取决于测量值本身以及均值、方差的平稳性假设的有效性[83]。

2. 泛克里金法

在普通克里金法中,要求区域化变量 $Z(x)$ 是二阶平稳的,在有限的估计邻域内 $Z(x)$ 的数学期望是一个常数,即 $EZ(x) = m$ 存在。然而在许多情况下,区域化变量在研究区域内是非平稳的,其数学期望不是一个常数,即 $EZ(x) = m(x)$,$m(x)$ 在地统计学上被定义为非平稳区域化变量的漂移。如果漂移是已知的,就可以在原始资料中将漂移减去,如剩下的残差满足均值为常数,协方差函数和变异函数存在的条件,就可以用普通克里金法来对残差进行估值,然后再将漂移加到相应位置的残差估值上去,其和就是 $Z(x)$ 的估计值。如果漂移是未知的,就需要对漂移进行估计。漂移一般采用多项式表示:

$$m(x) = f(x) = \sum_{i=1}^{n} a_i f_i(x) \qquad (3-8)$$

其中,$f_i(x)$为一已知多项式函数;a_i为未知系数。

设已知n个空间位置上的样品值$Z_i(i=1,2,\cdots,n)$,要估计x处的值$Z(x)$,可设估计量$\hat{Z}(x_0) = \sum_{i=1}^{n} \lambda_i Z_i$,要在无偏及估计方差最小的条件下求取权系数$\lambda_i(i=1,2,\cdots,n)$,就需要$E\left[\hat{Z}(x) - Z(x)\right]^2$和估计误差的方差$\sigma_E^2 = E\left[\hat{Z}(x) - Z(x)\right]^2$达到最小。于是,可以得出泛克里金方程组和泛克里金方差:

$$\begin{cases} \sum_{\beta=1}^{n} \lambda_\beta \gamma(x_a, x_\beta) + \sum_{i=0}^{k} \mu_i f_i(x_a) = \gamma(x_a, x) & a = 1, 2, \cdots, n \\ f \sum_{a=1}^{n} \lambda_a f_i(x_a) = f_i(x) & i = 0, 1, 2, \cdots, k \end{cases}$$

$$(3-9)$$

$$\sigma_{uk}^2 = \sum_{a=1}^{n} \lambda_a \gamma(x_a, x) + \sum_{i=0}^{k} \mu_i f_i(x) \qquad (3-10)$$

其中,f为漂移的多项式函数;μ为拉格朗日乘数。用方程组可求出λ和μ,然后代入估值公式可以求出$\hat{Z}(x)$。

3. 协克里金法

协克里金法(Co-kriging)是克里金法的扩展,同时考虑了变量的空间连续性和变量的相关性,是通过两个变量在空间位置上的观测值的加权平均而获得的,往往比普通克里金法给出更好的估测结果。假定Z_P比Z_A更难于测量,且N_P、N_A为相邻于s_0

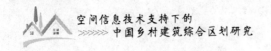

的用于估值的 Z_P 与 Z_A 的数据个数。$N_P < N_A$，那么用 Z_P 与 Z_A 的资料对 Z_P 在 s_0 处进行估值的协克里金公式为

$$\hat{Z}_P(s_0) = \sum_{i=1}^{N_P} \lambda_{Pi} Z_P(S_{pi}) + \sum_{i=1}^{N_A} \lambda_{Ai} Z_A(S_{Ai}) \qquad (3\text{-}11)$$

为了保证无偏估计，$\sum_{i=1}^{N_P} \lambda_{Pi} = 1$，$\sum_{i=1}^{N_A} \lambda_{Ai} = 1$，权重系数 λ_{Pi}、λ_{Ai} 是由两个变量的测量点与 s_0 之间的距离、两测量点之间的距离、两变量的变异函数以及它们的协变异函数来决定的。只有当两个变量之间的相关性达到显著时，建立和计算交叉协方差函数和变异函数才有意义，协克里金估计才能够保证精确和有效。

4. 估测精度的比较

估测方法的优劣分别用插值数据集和验证数据集进行评价。插值数据集用于获取估测的残差平方和，根据式（3-12）可以计算每种方法的方差解释量（RV）。验证数据集用来计算平均误差（ME）和均方根误差（RMSE）。

$$RV(\%) = \frac{SS_T - SS_R}{SS_T} \times 100 \qquad (3\text{-}12)$$

其中，SS_T 为总平方和；SS_R 为残差平方和。

3.1.3　建筑气候要素分级

3.1.3.1　气象数据

本书利用全国957个气象站点1950年至1990年这40年间

的实测气象数据作为空间插值的基础数据,分别就与建筑关系比较紧密的温度、湿度、降雨、日照和风速等指标进行空间插值处理。气象站分布于全国各个区域,其所获取的数据可以覆盖全国区域,具有良好的代表性,是长时期大范围气象应用研究的可靠资料。

3.1.3.2　气象数据空间插值

在前面章节的分析中已经指出,温度、湿度、降水、太阳辐射、风等气象要素是影响建筑的主要气象条件。因此,本研究中使用各个气象站点的1月气温、7月气温、1月湿度、7月湿度、降水量、干燥度、风速、日照率、日照时数等观测数据的多年平均值进行空间插值,即用各个站点有限的"点"状的数观测值来估计"面"上区域内每个点的数值,从而获得更加精确的和建筑相关的气象要素的数值及其空间分布。

变异函数曲线图可以表示气象观测数据在距离与方向上的所有成对点观测值之间的空间相关性,得出的变异函数图的起伏特征、原点处性状、趋势走向、不同的方向差异性等形状特点提供了丰富的空间结构信息。要进行空间差值,首先需要计算各个站点观测数据的变异函数理论模型(表3-2~表3-10),然后计算理论模型计算值与实际观测值的残差平方和(RSS)与决定系数(R^2)。决定系数的大小决定了相关的密切程度,而残差平方和反映了估计误差,因此可以根据这两个指标选择变异函数的理论模型。变异函数曲线及选择的理论模型如图3-2至图3-10所示。

表3-2　1月气温变异函数模型分析表

理论模型	块金值(C_0)	总基台值 ($C_0 + C_1$)	决定系数 (R^2)	残差（RSS）
球状模型	0.10	240.50	0.976	0.32
指数模型	0.10	311.10	0.963	0.58
高斯模型	2.80	238.70	0.822	0.47
线状模型	3.60	271.90	0.921	0.65

表3-3　7月气温变异函数模型分析表

理论模型	块金值(C^0)	总基台值 ($C_0 + C_1$)	决定系数 (R^2)	残差（RSS）
球状模型	4.46	43.42	0.988	0.01
指数模型	0.49	47.32	0.958	0.04
高斯模型	10.08	43.73	0.980	0.01
线状模型	15.45	50.30	0.794	0.20

表3-4　1月湿度变异函数模型分析表

理论模型	块金值(C^0)	总基台值 ($C_0 + C_1$)	决定系数 (R^2)	残差（RSS）
球状模型	2.00	359.00	0.990	0.10
指数模型	1.00	412.90	0.981	0.28
高斯模型	49.70	361.40	0.986	0.45

理论模型	块金值(C^0)	总基台值 ($C_0 + C_1$)	决定系数 (R^2)	残差(RSS)
线状模型	75.70	420.21	0.885	0.12

表3-5　7月湿度变异函数模型分析表

理论模型	块金值(C^0)	总基台值 ($C_0 + C_1$)	决定系数 (R^2)	残差(RSS)
球状模型	1.00	912.90	0.964	0.73
指数模型	1.00	912.90	0.912	0.17
高斯模型	0.10	988.90	0.972	0.10
线状模型	39.00	862.63	0.981	0.03

表3-6　年均降水变异函数模型分析表

理论模型	块金值(C^0)	总基台值 ($C_0 + C_1$)	决定系数 (R^2)	残差(RSS)
球状模型	7000.00	641900.00	0.989	0.00
指数模型	1000.00	713000.00	0.967	0.01
高斯模型	72000.00	603400.00	0.984	0.04
线状模型	37200.00	627387.57	0.969	0.08

表 3-7　年均干燥度变异函数模型分析表

理论模型	块金值(C^0)	总基台值 ($C_0 + C_1$)	决定系数 (R^2)	残差(RSS)
球状模型	0.10	185.10	0.945	0.16
指数模型	0.10	211.20	0.918	0.23
高斯模型	2.80	216.60	0.989	0.16
线状模型	0.10	107.70	0.953	0.13

表 3-8　年均风速变异函数模型分析表

理论模型	块金值(C^0)	总基台值 ($C_0 + C_1$)	决定系数 (R^2)	残差(RSS)
球状模型	0.95	2.02	0.887	0.10
指数模型	0.68	2.04	0.826	0.15
高斯模型	1.02	2.04	0.880	0.12
线状模型	1.37	2.18	0.567	0.38

表 3-9　年均日照率变异函数模型分析表

理论模型	块金值(C^0)	总基台值 ($C_0 + C_1$)	决定系数 (R^2)	残差(RSS)
球状模型	24.00	340.00	0.992	0.07
指数模型	1.00	404.00	0.981	0.16
高斯模型	64.00	339.70	0.984	0.13

续表

理论模型	块金值(C^0)	总基台值 $(C_0 + C_1)$	决定系数 (R^2)	残差(RSS)
线状模型	78.30	386.96	0.893	0.91

表3-10　年均日照时数变异函数模型分析表

理论模型	块金值(C^0)	总基台值 $(C_0 + C_1)$	决定系数 (R^2)	残差(RSS)
球状模型	13000.00	826000.00	0.976	0.01
指数模型	6000.00	923000.00	0.955	0.03
高斯模型	131000.00	833400.00	0.967	0.01
线状模型	0	952603.94	0.848	0.08

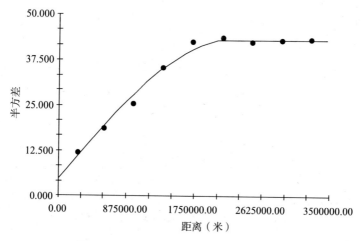

图3-2　1月气温变异函数(球状模型)

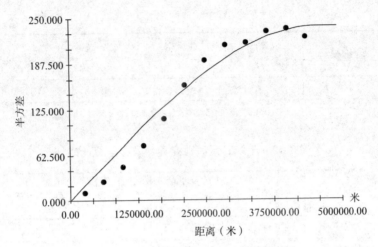

图 3-3 7 月气温变异函数（球状模型）

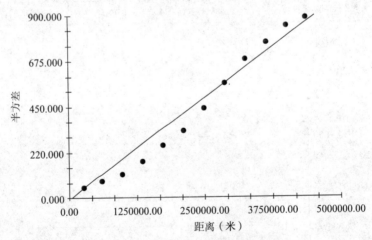

图 3-4 1 月湿度变异函数（球状模型）

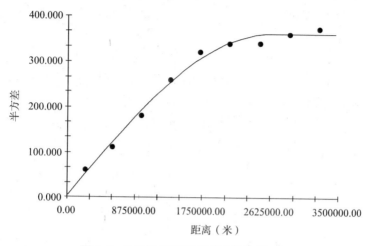

图3-5　7月湿度变异函数（线状模型）

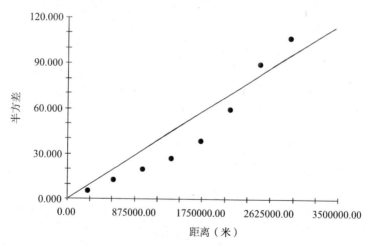

图3-6　年均降水变异函数（球状模型）

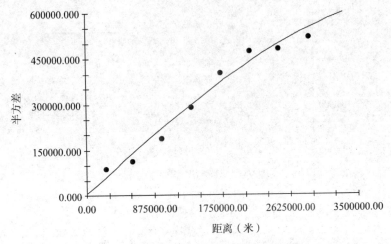

图3-7　年均干燥度变异函数（线状模型）

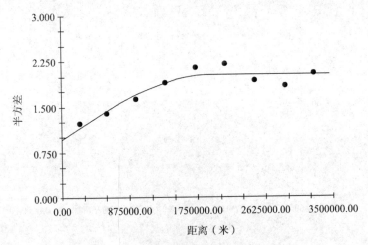

图3-8　年均风速变异函数（球状模型）

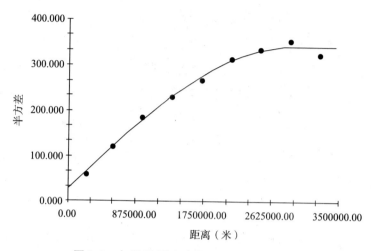

图3-9　年均日照率变异函数(球状模型)

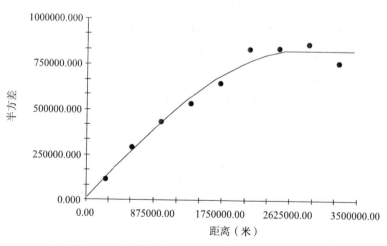

图3-10　年均日照时数变异函数(球状模型)

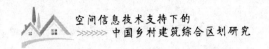

通过对这9种天气要素变异函数的分析,除7月湿度和年均干燥度用线形模型外,其余都采用球状模型拟合其块金值等结构化变量,然后用普通克里金估计其空间分布。

由以上分析,可以得到全国1月和7月气温、湿度以及年均降雨、年均干燥度、年均风俗、年均日照率和年均日照时数的覆盖全国的面状数据,当作基础资料以备区划之用。

3.1.3.3　气象因素分级

1.　气温分级

1993年公布的建筑气候区划标准(GB50178—1993)中一级区划主要根据1月平均气温和7月平均气温作为主要指标。同年公布的民用建筑热工设计规范(GB50176—1993)中给出的建筑热工设计分区,也主要根据1月平均气温和7月平均气温将全国分为严寒、寒冷、夏热冬冷、夏热冬暖、温和五个气候区。本书依据这两个标准对气温的要求,根据表3-11的分级临界值对1月平均气温和7月平均气温做出分级,做出全国气温空间分布图。

表3.11　一月与七月平均气温分级表

序号	1月平均气温	序号	7月平均气温
1	< -22℃	1	< 18℃
2	-22~-20℃	2	18~25℃
3	-20~-10℃	3	25~28℃
4	-10~-5℃	4	28~29℃

序号	1月平均气温	序号	7月平均气温
5	−5~0℃	5	29~30℃
6	0~10℃	6	> 30℃
7	10~13℃		
8	> 13℃		

2. 年均干燥度及降水分级

水分状况的地域差异,可以通过干燥度和降水量两个指标反映。干燥度是表征气候干燥程度的指数,又称干燥指数。它是可能蒸发量与降水量的比值,反映了某地、某时段水分的收入和支出状况。显然,它比仅仅使用降水量或蒸发量反映一地水分的干湿状况更加确切。本研究根据中国综合自然区划草案划分干燥度的标准及我国通用的划分降水量的标准(表3-12)进行划分,做出全国年均干燥度及降水分级图。

表3.12　年均干燥度与降水量划分标准

序号	地域	年均干燥度	年均降水量(mm)
1	湿润地区	< 1.0	> 800
2	半湿润地区	1.0~1.5	400~800
3	半干旱地区	1.5~4.0	200~600
4	干旱地区	> 4	< 200

3. 年均日照率及日照时数分级

采用太阳光照技术是人类最早利用太阳能的形式之一,统计表明:照明能耗占建筑能耗的20%~30%,由此可见,节约照明用电对建筑节能意义重大(罗尧治等,2008)。太阳光照明有如下特点:第一,健康环保。阳光下许多细菌无法生存,柔和的自然光可使人眼不易疲劳,长期沐浴在阳光下,心情会十分舒畅;第二,安全。自然光照明,不需铺设电线,无触电危险和消防安全隐患;第三,节能。合理充分利用太阳能,可缓解对电能的需求。本书采用罗尧治等[84]的研究中采用的分级标准对年均日照率和年均日照时数进行分级(表3-13),做出全国年均日照及日照时数分级图。

表3-13　中国日照率和年平均日照小时数分级表

日照出现率分级	日照率(%)临界值	分级范围	年均日照时数(时)临界值	分级范围
1	—	< 40	—	< 1800
2	40	40~50	5×365=1825	1800~2400
3	50	50~60	6.5×365=2373	2400~3000
4	60	60~70	8×365=2920	3000~4000
5	70	≥70	11×365=4015	≥4000

4. 相对湿度分级

相对湿度是指空气中实际所含水蒸气密度和同温度下饱和水蒸气密度的百分比值。空气的干湿程度与空气中所含有的水蒸气量接近饱和的程度有关,而与空气中含有水蒸气的绝对量却无直接关系。夏天,相对湿度过大时,会抑制人体散热,使人感到十分闷热、烦躁。冬天,相对湿度大时,则会加速热传导,使人觉得阴冷、抑郁。相对湿度过小时,因上呼吸道黏膜的水分大量散失,人会感到口干、舌燥,甚至咽喉肿痛、声音嘶哑和鼻出血等,并易患感冒。所以,专家们研究认为,相对湿度上限值不应超过80%,下限值不应低于30%。

5. 年均风速分级

建筑气候区划标准(CB 50178—1993)中把风速作为了一个二级区划指标,本研究结合分析房志勇做出的建筑气候区划中所采用的年平均风速指标[46],设定的年平均风速分级标准,见表3-14,做出全国年均风速分级图。

表3-14　年均风速分级表

序号	年均风速（m/s）	序号	年均风速（m/s）
1	< 1	4	3~4
2	1~2	5	4~5
3	2~3	6	> 5

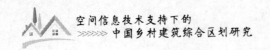
3.1.4 空间分析

3.1.4.1 空间分析的概念

目前,关于空间分析的定义还没有统一的定论,不同领域有不同的含义。比较典型的定义有以下几种:

(1)Haining 认为:空间分析是基于地理对象的空间布局的地理数据分析技术[85]。该定义是以地理目标空间布局为分析对象,从传统的地理统计与数据分析的角度出发,将空间分析分为三个部分:统计分析、地图分析和数学模型。

(2)Michael F. Goodchild 认为:空间分析是 GIS 支持的、包括"以地理视角考察与探索数据、开发与检验模型,以更好地透视与理解的方法来表达数据"在内的一系列技术[86]。换言之,所谓空间分析就是指对地理数据库中的数据进行加工,从中提取或生成决策有用的信息的技术。

(3)李德仁认为:空间分析是从 GIS 目标之间的空间关系中获取派生的信息和新的知识[87]。该定义侧重于图形与属性信息的交互查询,以获取派生知识或新知识,其分析对象是地理目标的空间关系。该定义以数据库管理系统为基础,将空间分析的类型按数据结构来划分,认为空间分析由以下几部分组成:拓扑空间分析、缓冲区分析、叠置分析、空间集合分析和地学分析,其划分是以空间分析的操作类型为标准的。

(4)郭仁忠认为:空间分析是基于地理对象的位置和形态

特征的空间数据分析技术,其目的在于提取和传输空间信息[88]。该定义侧重于空间信息的提取和空间信息传输,其分析对象是地理目标的位置和形态特征。

综合这些学者的研究成果,空间分析可以理解为目前 GIS 技术可以实现的地理信息空间分析,是对地理空间中目标的空间关系和空间行为进行描述,为空间决策支持提供服务的技术。

3.1.4.2　叠加分析

目前,虽然发展了多种空间分析方法和应用模型,但尚未形成统一的结构体系,甚至对空间分析的基本内容也没有得到广泛认同。但是,空间查询、空间插值、叠加分析、缓冲区分析、领域分析、网络分析、追踪分析、数字高程模型分析、三维分析、空间统计分析、地统计分析等都是被认为是基本的空间分析方法。

叠加分析是空间分析中一项常用的、也是非常重要的分析方法。它是在统一的空间参考系下,将同一地区两层或多层地图要素进行叠加产生一个新要素层的操作,其结果是将原来要素通过分割或合并等运算,生成新的要素,新的要素综合了原来两层或多层要素所具有的属性。叠加分析不仅包含空间关系的比较,还包含属性关系的比较。

叠加分析有助于发现空间位置相关联的空间对象之间的关系,包括空间特征和属性特征。它可以帮助发现多层数据间的相互差异、联系和变化等特征。矢量数据的叠加,根据叠加对象图形特征的不同,分为点与多边形的叠加、线与多边形的叠加和多边形与多边形的叠加三种类型。其中,多边形与多边形的叠加,是指将两个不同图层的多边形要素相叠加,产生输出层的新多边形要素,用以解决地理变量的多准则分析、区域多重属性的拟合分析、地理特征的动态变化分析,以及图幅要素更新、相邻图幅拼接、区域信息提取等。栅格数据的叠加分析,指不同层面的栅格数据,按一定数学法则或逻辑判断进行逐格运算,从而生成新的栅格数据。栅格数据的叠加算法,虽然数据存储量较大,但运算过程较为简单。根据不同目标,可采用点变换、区域变换和邻域变换三种方法,对参与叠加的图层计算新属性值。

3.1.5 建筑气候分区结果

建筑气候区划标准和民用建筑热工设计规范都将1月和7月的平均气温作为区划的主要指标,因此本研究也首先关注这两个月的平均气温,将它们的分级图进行叠加分析,得出关于全国温度状况的分区图。

这样的分级效果虽然精确表示出每个区域的天气状况,可是由于分级太多而过于复杂,不能使人们一目了然。区划的原则就是既要表现区域能的差异性,又要表现相似性,因此,本研究根据表3-15将全国划分为10个温度区域。

表3-15　温度分区类别表

类别	序号	1月平均 气温（℃）	类别	序号	7月平均 气温（℃）
冬季严寒	1	<－22℃	夏季凉爽	1	<18
	2	－22~－20		2	18~25
	3	－20~－10	夏季较热	3	25~28
冬季寒冷	4	－10~－5		4	28~29
	5	－5~0	夏季炎热	5	29~30
冬季较冷	6	0~10℃		6	>30℃
冬季暖和	7	10~13℃	—	—	—
	8	>13℃	—	—	—

　　同样，将温度状况、干湿状况、日照状况和年均风速的空间分布进行叠加分析，最后得到建筑气候区划。本研究考虑的建筑气候区划，是在单因素分级的基础上，综合考虑各种因素的空间分布特征。为了便于区划和分析，本研究在空间叠加分析的基础上，采用四级定性的方法。具体地讲，一级区划主要以温度状况作为依据，二级区划在一级区划的基础上主要考虑干湿状况，三级在前两级的基础上考虑日照状况，四级区划主要在前三级的基础上考虑年均风速。因此本研究采用四级编码的方法来定义各个区域：以"A、B、C、D、E"对温度状况进行编码，A表示冬冷夏凉地区（对应于温度状况区划中的1、3区域），B表示冬冷夏热地区（对应于温度状况区划中的2、4区域），C

表示冬暖夏热地区(对应于温度状况区划中的10区域),D表示气候温和地区(对应于温度状况区划中的5、6、7、9区域),E表示四季如春地区(对应于温度状况区划中的8区域);以"Ⅰ、Ⅱ、Ⅲ"对湿度状况进行编码,Ⅰ表示潮湿地区(对应于湿度状况区划中的1、2、3区域),Ⅱ表示干湿状况一般的地区(对应于湿度状况区划中的4、5、6、7、8区域),Ⅲ表示干旱地区(对应于湿度状况区划中的9区域);以"1、2、3"表示日照状况,1表示日照较强的地区(对应于日照分级中的1区域),2表示表示日照一般的地区(对应于日照分级中的2、3区域),3表示日照较长的地区(对应于日照分级中的4、5区域);以"T、F、G"表示年均风速状况,T表示风速较大的地区(对应于风速分级中的5、6区域),F表示风速一般的地区(对应于风速分级中的3、4区域),G表示风速较小的地区(对应于风速分级中的1、2区域)。各建筑气候区划的编码和气候特征见表3-16。

表3-16　建筑气候区划编码和气候特征

序号	编码	含　义	大致区位
1	AⅠ2F	冬冷夏凉,潮湿,日照一般,年均风速一般	辽东半岛沿海部分区域
2	AⅡ2F	冬冷夏凉,干湿度一般,日照一般,年均风速一般	东北东北部、西藏东南边缘、秦岭南部部分区域
3	AⅡ2G	冬冷夏凉,干湿度一般,日照一般,年均风速较小	四川西北部、陕西南部部分区域

续表

序号	编码	含　义	大致区位
4	AⅡ2T	冬冷夏凉,干湿度一般,日照一般,年均风速较大	山东半岛东部、辽东半岛南部部分地区
5	AⅡ3F	冬冷夏凉,干湿度一般,日照较强,年均风速一般	东北大部地区、山西大部、陕西南部、青海、西藏部分地区、天山山地北麓中西部
6	AⅡ3T	冬冷夏凉,干湿度一般,日照较强,年均风速较大	山西北部部分地区
7	AⅢ3F	冬冷夏凉,干燥,日照较强,年均风速一般	青藏高原大部分区域、阿尔泰山区、天山山地南麓
8	AⅢ3T	冬冷夏凉,干燥,日照较强,年均风速较大	内蒙古中西部
9	BⅡ2F	冬冷夏热,干湿度一般,日照一般,年均风速一般	河南、安徽江苏北部部分地区
10	BⅡ3F	冬冷夏热,干湿度一般,日照较强,年均风速一般	河北南部、山东北部
11	BⅢ3F	冬冷夏热,干燥,日照较强,年均风速一般	塔里木盆地内部
12	CⅠ1G	冬暖夏热,潮湿,日照较小,年均风速较小	广东北部山区
13	CⅠ2F	冬暖夏热,潮湿,日照一般,年均风速一般	广东南部、海南岛

序号	编码	含　义	大致区位
14	D I 1G	气候温和,潮湿,日照较小,年均风俗较小	湖南、广西、贵州、四川部分地区
15	D I 2F	气候温和,潮湿,日照一般,年均风速一般	云南北部、四川西部
16	D I 2G	气候温和,潮湿,日照一般,年均风速较小	云南南部、广西西南部小范围区域
17	D I 2T	气候温和,潮湿,日照一般,年均风速较大	浙江沿海区域、台湾北部和南部区域
18	D II 2F	气候温和,干湿度一般,日照一般,年均风速一般	福建沿海区域
19	E I 2G	四季如春,潮湿,日照一般,年均风速较小	云南南部
20	E I 2T	四季如春,潮湿,日照一般,年均风速较大	台湾中部

3.2　地形与植被区划

3.2.1　建筑与地形的相互关系

一般来说,任何一个建筑都必须要建在一定的基础之上,也就是说,地形地貌是影响建筑的一个重要因素。地形是建筑场地的形态基础,包括总体的坡度情况、地势走向、地势起伏的大小等特征。建筑设计应该"从属"于场地的原始地形,因为从根本上改变建筑场地的原始地形会带来工程土方量的大幅度增加,建设的造价也会大为提高,一旦欠缺考虑则会对建筑场地内外造成巨大的破坏,这与新农村建设的可持续发展战略原则是相违背的,所以从经济合理性和生态环境保护角度出发,建筑的设计应该以对自然地形的适应和利用为主。地形的变化起伏较小时,它对建筑设计的影响力是较弱的;地形的变化起伏幅度越大,它的影响力也越大;当坡度较大,建筑场地各部分起伏变化较多,地势变化较复杂时,地形对建筑设计的制约和影响就会十分明显了。这时,建筑物的定位、交通组织方式、道路的选择、广场及停车场等室外构筑设施的定位和形式的选择、工程管线的走向、场地内各处标高的确定、地面排水组织形式等,都会与地形的具体情况有直接的关系。

中国的山地面积广大,即便是高原上和盆地内,起伏的山丘仍绵延不断。按海拔高度计算,500 m以上的面积占全国总面积的84%,真正的平原仅11%[89]。这些平原大都是河流冲积形成的,尤其是东北平原与华北平原,面积广阔、地势平坦,这些平原的民居建筑受气候因素的直接影响较大,但在高原、山地、丘陵和盆地区,地貌和水系因素的影响就凸显出来了。地貌与水文的影响在建筑选址和地面处理方面反映突出,这种影响在山丘地带或水网地区较为典型。

土地是农民最宝贵的生产资料和财富,应该尽量把平坦肥沃的土地留作耕地，山丘地带的农村住宅应尽可能修在相对不利于耕作的地方。应当因地制宜的尽量利用原始地貌环境中的坡、沟、坎、台等微地貌形态，随高就低修建住房，构成灵活多变的形式。尤其是对坡地的处理，常利用山丘的坡度，或分层建筑使屋顶逐层升高；或利用坡地上不同高度的地面建房，统一屋顶高度，前两层后一层；或出挑楼层和廊檐，前后加撑柱做吊脚，吊脚楼下边存物，上面住人；或利用坡度就地砌石筑台，使不同高度坡台上的建筑高低错落，相互衔接。建筑与一定地貌相结合，可以形成千姿百态的建筑群，极大地丰富建筑景观，呈现出多种风格的仰视和俯视效果。因生产和生活的需要，很多农村都临水布局。典型的季风气候导致降水的季节变化很大，造成汛期和枯水期较大的水位差，为了避免洪水灾害，我国东部河谷平原区的建筑多建于低阶地、岗地或圩埂上[90]。

3.2.2 数字高程模型

一般认为，数字地面模型（digital terrain model，DTM）是描述包括高程在内的各种地貌因子，如坡度、坡向、坡度变化率等因子在内的线性和非线性组合的空间分布。而数字高程模型（digital elevation model，DEM）是 DTM 的一个分支，它是用一组有序数值阵列形式表示地面高程的一种实体地面模型，是零阶单纯的单项数字地貌模型，其他如坡度、坡向及坡度变化率等地貌特性可在 DEM 的基础上派生。

DTM 也可以认为是各种地貌和非地貌特性的以矩阵形式表示的数字模型,包括各种自然地理要素以及与地面有关的社会经济及人文要素,如土壤类型、土地利用类型、岩层深度、地价、商业优势区等。实际上 DTM 是栅格数据模型的一种。它与图像的栅格表示形式的区别主要是:图像是用一个点代表整个像元的属性,而在 DTM 中,格网的点只表示点的属性,点与点之间的属性可以通过内插计算获得。

建立 DEM 的方法有多种,从数据源及采集方式来看主要如下。

(1)直接从地面测量,如用 GPS、全站仪、野外测量等。

(2)根据航空或航天影像,通过摄影测量途径获取,如立体坐标仪观测及空间加密法、解析测图、数字摄影测量等。

(3)从现有地形图上采集,如格网读点法、数字化仪手扶跟踪及扫描仪半自动采集然后通过内插生成 DEM。

在很多研究中,DEM 数据基本上采用传统测绘而生成的基础地理信息数据,而我国基础的地理数据很难获得,这无疑阻碍了和 DEM 相关的研究。但是,现代技术的发展为生成 DEM 提供了新的手段,利用卫星立体像对数据提取 DEM 的技术已经成为 DEM 理论和应用研究的一个方向。它具有地面覆盖范围广、数据采集方便和生产效率高等特点,同时所生产 DEM 的精度也得到了很大提高,如利用 SPOT 数据生产的 DEM 精度可达到 10m 以内[91],ASTER 立体像对提取 DEM,其精度可

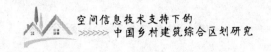
以达到 7~15m[92]，而利用星载 InSAR 生成 DEM 的高程精度甚至可达到米级[93]。

本书使用了航天飞机雷达地形测图 SRTM（The Shuttle Radar Topography Mission）DEM 90m 分辨率的地表高程数据。SRTM 是由美国航空航天局（NASA）、美国国家图像测绘局（NIMA）以及德国和意大利航天机构共同合作完成。2000 年 2 月 22 日，通过装载于"奋进号"航天飞机的干涉成像雷达的全球性作业，获取了地球表面从北纬 60°至南纬 56°之间陆地地表 80% 面积、数据量高达 12TB 的三维雷达数据，然后通过对接收到的雷达信号进行处理，生成了高精度的 SRTM 数字高程模型。SRTM DEM 以三种空间分辨率和两种区域范围来发布：

（1）以经度和纬度的每隔一弧度秒为间隔采集数据，约 30m 水平分辨率的美国范围内的 DEM（SRTM1）。

（2）以经度和纬度的每隔三弧度秒为间隔采集数据，约 90m 分辨率的接近全球范围的 DEM（SRTM3）。

（3）约 1000m 水平分辨率的全球范围内的 SRTM-GTOPO30 产品。

3.2.3　基于 DEM 的建筑地形分区

赵晓光主编的《民用建筑场地设计》[67]一书中说明了在建筑设计的各个阶段所应使用的地形图比例尺（表 3-17）。

表3-17 地形图比例尺适用设计阶段

比例尺	1:500	1:1000	1:2000	1:5000	1:10000
适用设计阶段	建设用地现状图、详细规划、工程设计方案设计、初步设计和施工图设计		详细规划、工程项目的方案设计和初步设计	场址选择	

本书所选用的SRTM数据的空间分辨率是90m,关于SRTM数据精度的研究,已得到一些结论,Jarvis等认为SRTM3数据除谷地和山脊外,与1:10000地形图生成的数字格网高程数据相当接近,并在信息载负量上优于1:50000的地形图[94]。因此,本研究选用的SRTM DEM数据是可以满足建筑设计中场址选择阶段的要求的。

根据中国地貌制图规范制定的海拔分级标准,对SRTM DEM数据进行分级,得到地形海拔分级图,将全国分为平原区、丘陵区、低山区、中山区、高山区和极高山区6个区域。

本质上讲,DEM是地形的一个数学模型,可以看成是一个或多个函数的集合。许多地形因子就是从这些函数进行一阶或二阶推导出来的,也有的通过某种组合或复合运算得到。基本地形因子包括斜坡因子(坡度、坡向、坡度变化率、坡向变化率等),面积因子(表面积、投影面积、剖面积),体积因子(山体

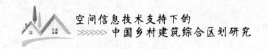

体积、挖填体积）和面元因子（相对高差、粗糙度、凹凸系数、高程变异等）。

　　本书主要考虑的地形坡度是DEM数据派生的一个重要地形数据，是规划工作和各项建设工程必不可少的依据。严格地讲，地表面任一点的坡度是指过该点的切平面与水平地面的夹角，坡度表示了地表面在该点的倾斜程度。实际应用中，坡度有两种表示方式：

　　（1）坡度（degree of slope）：即水平面与地形面之间的夹角。

　　（2）坡度百分比（percent of slope）：即高程增量（rise）与水平增量（run）之比的百分数，如图3-11所示。

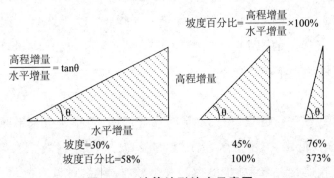

图3-11　计算地形坡度示意图

　　本书用坡度百分比表示坡度，并根据《建筑设计资料集》（第二版）里关于地形坡度的分级标准[95]（表3-18），将地形坡度分为平坡地、缓坡地、中坡地、陡坡地、急坡地和悬崖地6个区域。

表3-18　地形坡度分级标准及其与建筑的关系

类别	坡度	度数	建筑区布置及设计基本特征
平坡地	0%~3%	0°~1°43″	基本上是平地,道路和房屋可自由布置,但须注意排水
缓坡地	3%~10%	1°43″~5°43″	建筑区内车道可以纵横自由布置,不需要梯级,建筑群布置不受地形约束
中坡地	10%~25%	5°43″~14°02″	建筑区内须设梯级,车道不宜垂直等高线布置,建筑群布置受到一定限制
陡坡地	25%~50%	14°02″~26°34″	建筑区内车道须与等高线成较小锐角布置,建筑群布置与设计受到较大限制
急坡地	50%~100%	26°34″~45°	车道须曲折盘旋而上,梯道须与等高线成斜角布置,建筑设计需特殊处理
悬崖地	>100%	>45°	车道及梯道布置极困难,修建房屋工程费用大,一般不适于做建筑用地

　　此外,河网密度也是一个重要的地形参数,用DEM数据可以生成河网数据。在格网DEM实现流域地形分析,需要顺序执行如下的步骤:

（1）DEM洼地填充。由于数据噪声、内插方法的影响，DEM数据中常常包含一些"洼地"，"洼地"将导致流域水流不畅，不能形成完整的流域网络，因此在利用模拟法进行流域地形分析时，要首先对DEM数据中的洼地进行处理。填充洼地常用的方法之一是把其单元值加高至周围的最低单元值。

（2）水流方向确定（flow direction）。水流方向是指水流离开格网时的流向。流向确定目前有单流向和多流向两种，但在流域分析中，常是在3×3局部窗口中找出八个周边单元中一个最陡的坡度在流域分析中，水流方向矩阵是一个基本量，这个中间结果要保存起来，后续的几个环节都要用到水流方向矩阵。

（3）水流累积矩阵生成（flow accumulation）。水流累积矩阵是指流向该格网的所有的上游格网单元的水流累计量（将格网单元看作是等权的，以格网单元的数量或面积计），它是基于水流方向确定的，是流域划分的基础。流水累计矩阵的值可以是面积，也可以是单元数，两者之间的关系是面积=格网单元数目×单位格网面积。

无洼地DEM、水流方向矩阵、流水累计矩阵是DEM流域分析的三个基础矩阵。

（4）流域网络提取（stream networks）。流域网络是在水流累计矩阵基础上形成的，它是通过所设定的阈值，即沿水流方向将高于此阈值的格网连接起来，从而形成流域网络。

本书根据DEM提取的河流网络，计算的每平方公里上河流的长度,即河网密度。

我国地形地貌繁复,由于地域的地形因素影响,也会使得建筑构筑形态产生不同的特征。为了对不同地形条件下建筑的构筑形态进行系统的分析和研究,本书将地形的高程、坡度和河网密度叠加起来综合考虑,把影响建筑的地形条件划为4个区域:综合丘陵山地建筑、综合平地旱地建筑、综合平地水域建筑、综合高原山地建筑。

3.2.3 植被区划

植被是自然景观的典型反映,是建筑景观中最重要的要素,并且受气候的影响最大,在不同的气候条件下生长着具有差异性的植物品种和植物群落。植物以其丰富的色彩、多样的形态形成不同地区的典型植物景观特色。地域性植物具有较强的适应性和抗逆性,受纬度、海拔高度、土壤、气候、光照、水分等因素的影响,是在长期演变中形成的。不论个体或群体随着气候变化,其林相、季相变化都非常丰富,可形成不同的特色景观。与建筑相关的植物因素主要表现为地方性植被所提供的建筑用木材、竹和草等。这些与植被因素密切相关的地方性建筑材料,在施工时,一般只在建筑现场简单加工一下便使用。这些地方性建筑材料和为优化建筑环境而栽种的地方性植物,对于形成鲜明地方特色的建筑,具有十分重要的意义。

对植被条件的分析应了解认识它们的种类构成和分布情

况,对重要的植被资源需要调查清楚。植被是地域建筑风貌的具体体现,植被状况也是影响景观设计的重要因素,人在充满大自然气息的大片植被中和寸草不生的荒地中的感觉是截然不同的。此外,建筑周边的植被状况也是生态系统的重要组成部分,植被的存在有利于良好生态环境的形成。因此保护和利用原有的植被资源是优化景观环境的重要手段,也是优化生态环境(包括小气候、保持水土、防尘防噪)的有利条件。许多建筑的良好环境的形成正是因为利用了场地中的原有植被资源。

3.3 中国乡村建筑构筑形态区划

对于建筑的构筑形态进行自然区划,是对建筑构筑形态在地域上的分异规律进行认识的过程,科学地划分不仅可以寻找出构筑形态与各种自然因素间的内在关系,而且可以成为当今建筑创作的重要依据。

建筑的构筑形态是通过建筑的实体部分来表现的,即由地面、墙体、屋面、构架和门窗等建筑构件组合而成。这些构件可归纳为三类:一是承担结构作用的构件,如承重墙、梁、柱、基础等;二是主体围护构件,如外墙、屋面、地面等;三是用来分隔空间的辅助构件,如门窗、隔扇、隔断等。自然环境影响着建筑构筑形态的物质层面,它包括气候、地形及天然材料等因素。我国的乡村建筑,特别是传统民居的构筑形态受自然环境的影响很大,它可以反映出其所在地的自然环境特征,它的不断改进可以更好地与特定的自然环境相适应。对于它的认识的加深,可以更好地为因地制宜地建设新农村服务,使构筑形态与自然环境相适应,也是建筑营建和设计的一条重要准则。

在进行乡村建筑构筑形态的区划时,可以借鉴自然地理学的许多研究成果,如气候、地形、土坡、植物等的区划以及综合自然区划等,把乡村建筑构筑形态的区划同各种自然要素的区划结合起来,寻找出相应的规律。

3.3.1 乡村建筑形态与建筑气候区划

不同特征的气候因素如气温、降水量、温度、日照等都会影响到建筑的构筑形态。我国北方与南方区域的气温存在着明显的差异,表现在建筑构筑形态中则是北方侧重于建筑取暖和保温,而南方建筑要解决隔热与通风的问题。可以将北方乡村建筑构筑形态按取暖和保温措施划分为三种,即采用火炕、火墙、火地或壁炉等的采暖区;采用厚墙、厚屋面保温区;双层屋面保温区。而从建筑隔热与通风的角度,南方乡村建筑构筑形态亦可划分为三种,即采用天井、敞厅的区域;采用深出檐(>50cm)、重檐的区域;及干栏式构筑区。

由于降水量的影响,乡村建筑的屋面坡度可划分为平屋顶区坡度(坡度<10°)、缓坡顶区(10°<坡度<30°)及陡坡顶区(坡度>30°)。将屋面坡度区划图与年均降水分级图相比较,年均

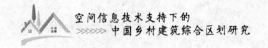

降水在200~400mm的区域内基本上为平屋顶或缓坡屋顶区域；
年均降水量在400mm以上的区域内基本上是陡坡屋顶。

3.3.2 乡村建筑形态与地区建筑材料

各地的自然状况不一，导致了建筑材料资源的空间分布具有了地区性差别，特别是在乡村建筑中表现明显。本研究在阅读文献的基础上，在GIS软件中根据墙面、屋面等建筑材料的不同，对乡村建筑的构筑形态特征进行了区划，得到了砖墙瓦顶建筑区域、土筑建筑区域、木构建筑区域、石作建筑区域、竹构建筑区域和草顶帐幕顶建筑区域的空间分布。

第4章 中国乡村建筑人文环境区划研究

4.1 文化与文化系统

　　文化与人类相伴而生,文化是人类在适应、利用、改造自然环境的过程中形成并发展的。人类的文化活动必然产生、发展于一定的地域空间,必然与地理环境息息相关。从这个意义上说,文化是人类社会对属于他们的那部分地域加以组织、利用和加工的结果,可以被视为"环境的人为部分"。也就是说,在一定的地域空间中,人、文化、环境共同构成人类活动的地域文化系统。在此系统中,人类–文化–环境是三位一体的有机整体。而在一定的地域内,自然地理环境是文化系统形成发展的基底,社会文化环境是文化系统演进的动力,文化影响人们对环境的利用,使环境发生不同程度的变化。文化与环境的双向关系是地域文化系统中最基本也是最重要的关系。

　　文化的概念纷繁复杂,从当代的多数文化地理学著作看,大都明确地以广义的文化领域为研究对象。广义的文化概念是指人类社会历史实践过程中所创造的物质财富和精神财富的总和,它包括三个组成部分:物质文化、制度文化和精神文化。从现代系统论的观点来看,针对自然界,人类创造了物质文化;针对社会,人类创造了制度文化;针对人自身,人类创造了精神文化。

物质文化包括:人们为满足生存和发展需要而改造自然的能力,即生产力;人们运用生产力改造自然,进行创造发明的物质生产过程;人们物质生产活动的具体产物。

制度文化包括:人们在物质生产过程中所形成的相互关系,即生产关系;建立在生产关系之上的各种社会制度和组织形式;建立在生产关系之上的人们的社会关系以及种种行为规范和准则。

精神文化包括:人们的各种文化设施和文化活动,如教育、科学、哲学、历史、语言、文字、医疗、卫生、体育、文学和艺术等;人们在一定社会条件下满足生活的方式,如劳动生活方式、消费生活方式、闲暇生活方式和家庭生活方式等;人们的价值观念、思维方式和心理状态等[96]。

人类的文化活动是在一定地域条件下进行的,地域的地理环境条件影响物质文化,从而影响精神文化,而文化又综合作用于地理环境,改变地理环境。如此循环反复,在一定的地域空间内,文化与环境相互作用,形成人类文化活动的地域系统。

地域文化中最小的要素是文化因子。因子具有相对的独立性,它既可指某个行为,也可指某种生产工具、某种思想、观念等。相互联系的文化因子于一个有机统一体中构成文化丛。在各种不同的文化系统中,文化丛拥有数目不等的文化因子。文化丛有大小之别。在一个地域内,各种具有地域特性的文化丛的集合,组成了一个文化系统[97]。文化系统在空间分布上的特征具有地域整体性。不同社会以不同的方式将因子和文化丛组合成文化系统,各文化系统所具有的特殊结构决定了该系统内容要素的功能发挥。从属于某一系统的人们所居住的特定地域称为文化区。一组相关与相似的文化区在空间上连续或不连续的分布构成文化圈[97]。

物质文化、制度文化和精神文化构成了三个文化系统,合而成为文化大系统。其中物质文化系统是基础,是制度文化系统和精神文化系统的前提条件;制度文化系统是关键,只有通过合理的制度文化,才能保证物质文化和精神文化的协调发展;精神文化系统是主导,它保证和决定物质文化、制度文化建设和发展方向。

4.2 乡村建筑人文环境区划的依据

乡村建筑的人文环境区划是指对一定范围内的乡村建筑文化形态的相关关系、差异及其各种社会人文因素进行综合分析而划分的人文区域分类系统,它是对乡村建筑发展中文脉的探索认识过程,它是乡村建筑环境,包括自然环境因素及社会

文化环境因素综合发展的结果。乡村建筑区划采用的方法是
从概念出发,即对文化做概念分析,取其中与乡村建筑相关部
分,参考现有的实际资料,做出初步的、概略的区划。乡村建筑
的人文区划,是一个具有层次属性的概念,任何一级的区划图
可以在上一级的区划领域内进行下一级的区划研究,级数越
低,相邻区域内的文化差异就越小,但研究却更加有针对性,更
加细致[96]。

乡村建筑人文区划的依据有以下两方面:

(1)从分析文化入手,提炼出有关的乡村建筑文化的结构
要素。在分析文化的结构要素与传统民居之间关系的规律的
基础上,借鉴人文地理学及自然地理学的一些成果,对传统民
居的人文区划做出探索。

(2)从广义的文化概念的角度来理解,即指人类创造的物
质文明和精神文明的总和,而文化的结构系统则是依据系统论
的观念,包括三部分,分别为物质文化系统、制度文化系统和精
神文化系统。

4.3　乡村建筑人文环境的结构要素

乡村建筑人文环境的结构要素主要有以下三个方面:

(1)依据物质文化系统的内涵,定其要素以经济为主,它包
括经济类型、经济思想、经济政策及经济形态等。它是生产力
的表现形式,是基础与前提,是人们采取何种生存与居住方式

的前提和决定因素。

（2）依据制度文化系统的内涵，定其要素为社会制度、家庭结构及中国传统的家族观念等。它是生产关系的表现形式，是制约因素。它从内外两方面都制约着传统民居外环境的空间形式及其他各建筑要素。

（3）依据精神（心理）文化系统的内涵，定其要素为宗教、哲学等思想体系。从原始社会的原始祖先崇拜及图腾崇拜，到后世的儒、释、道等各大宗思想文化体系，直到目前的现代乡村居民的精神状况，都起了决定意义的导向作用，直接影响到人的心理层次，包括审美趣味、价值取向、道德修养等。它引导着人们的生活方式，从而对乡村建筑的人文环境产生或深或浅的多层次影响。它有时还表现为在一定范围内，被公众认可的、共同的习惯思维方式，即民俗文化。不同的地区、不同的民族都有自己的民俗文化，它无论对乡村建筑的选址、整体布局还是外部造型，都有着重要影响。

这三大系统的要素与乡村建筑文化的相互作用并不是独立的，它们之间相互联系、相互影响、相互融会贯通，共同形成了独具一格的中国乡村建筑的人文环境。

4.4　乡村建筑人文环境区划的原则

乡村建筑的人文环境区划是个极大的概念，它不仅涉及目前乡村建筑的状况，而且要考虑传统乡村建筑的状况。由于现代建筑风格具有一定的统一性和可复制性,从而对中国乡村建筑的优秀传统产生巨大冲击,所以,我们在做乡村建筑人文区划的时候,应该多考虑传统的因素,以期在今后的乡村建设中加大保护优秀建筑传统的力度。

本研究通过阅读文献和收集资料的手段进行研究,包括乡村建筑、文化、历史、地理等方面的资料。但是,这样形成的乡村建筑人文环境区划并不是十分严谨的。因为就乡村建筑而言,全国尚有许多地方无资料可查,现只是根据有关的文字描述,加上一定的自然环境因素推理而成。总之,以人文环境的结构要素做的乡村建筑的人文环境区划,只是社会文化环境大前提下的一个方面,是粗略的思考。

参考有关区划的总原则,乡村建筑人文环境区划的原则主要有以下三方面:

(1)综合性原则。影响乡村建筑人文环境的自然因素和社会文化因素是错综复杂的,而人文环境的结构要素分类方面就有三大系统,对传统民居影响的要素之间不仅相互影响,而且随着时间的推移还不断地变化,因而只能在综合分析的基础上,取其要者用之。

(2)发生学原则。根据乡村建筑人文环境起源的地理环境和人文因素而定,其表现为形成过程中的一致性,或性质及表现的一致性。

(3)乡村建筑人文环境的利用与地理环境的发展相一致的

原则。这是从区划的目的出发,乡村建筑人文环境区划的目的是整理归纳出乡村建筑人文环境的脉络,以便找出其精华部分加以利用,为创造有中国文化特色的现代建筑打下一定的基础。

4.5　乡村建筑人文环境区划

4.5.1　物质文化要素区划

4.5.1.1　中国宏观经济区划

经济区划是从国情出发,根据社会劳动地域分工的规律,对全国领土进行战略性的划分,揭示各地区发展的有利条件和制约因素,指出各经济区专业化发展的方向和产业结构的特点。它是国民经济总体部署的框架,是发展横向经济联合和生产力合理布局的基本依据。通过经济区划可以协调在经济发展过程中总体与局部、目前与长远、人口增长与资源和环境的关系。经济区划是一项复杂的系统工程,涉及自然、技术、经济、社会各个方面。

经济区划研究的真正发展是在中华人民共和国成立之后,特别是自改革开放以来,不仅涌现出了大量经济区划理论和诸多方案,而且数量经济方法也开始得到少量应用[98]。20世纪80年代以前,在"学习和借鉴苏联模式"的思想指导下,国内诸多学者开始并一直接受苏联的经济区概念,认为经济区是"具有全国规模专门化的生产地域综合体"[99]或者是"具有全国意义的专业化的地域经济综合体"[100]。由于受苏联特定制度环境和条件的制约,地域生产综合体在我国从未真正形成过,不过在其概念影响下,以孙敬之的《论经济区划》为代表的经济区理论和十大经济区方案,却对中国经济区划研究起到了重要的推动作用,只是西方区划理论中合理的部分遭到了排斥。

自改革开放以来,在以"效率优先、兼顾公平"为目标的市场化改革取向的稳步推进下,各种区域规划方案、区域发展战略和区域调控理论都先后被实施及运用,对区域经济的发展起到了一定的促进作用。如中国在20世纪80年代中期提出的东、中、西三大经济地带的划分;在20世纪90年代以后提出的以大流域、大通道为轴线的大经济走廊为基础的划分和以密集城镇群为基础的跨省区经济区域的划分,前者包括长江流域经济带、西南大通道经济带和欧亚大陆桥经济带等,后者则包括长江三角洲和环渤海地区等。

谢士强等针对目前我国区域经济严重失衡的客观现实,依据修正后的凯恩斯宏观调控模型,通过实证的方式对现有国土进行了重新划分[101]。本书采用这种具有定量模型的数学方法进行的区划方案见表4-1。

表4-1　中国宏观经济区划

经济区	经济区内的核心调控省市	经济区的范围
东北经济区	辽宁	辽宁、吉林和黑龙江
华北经济区	北京	北京、天津、河北、山西和内蒙古
西北经济区	陕西	陕西、甘肃、宁夏、青海和新疆
华东经济区	上海	上海、江苏、浙江、山东、福建和安徽
中南经济区	湖北	河南、江西、湖北、湖南、广东、广西和海南
西南经济区	云南	云南、四川、贵州和西藏

4.5.1.2　中国乡村传统经济类型区划

　　经济类型是文化发展的基础，从根本上决定了人们的居住方式。经济类型包括农耕、打猎、捕鱼、畜牧等，其中农耕业和畜牧业产生于中国的新石器时代，在黄河流域、东北地区、西南地区和台湾，最先产生了农耕粟作文化。在长江流域和东南沿海产生了农耕稻作文化。

　　主要受畜牧经济类型影响的地区的乡村传统建筑多为毡房、蒙古包等简易、流动性的形式，这里除了有蒙古族、藏族外，维吾尔族、哈萨克族、柯尔克孜族、塔吉克族等也都有简易灵活的建筑形式；主要受渔猎经济类型影响乡村传统建筑主要集中在东北，有鄂伦春族、鄂温克族和赫哲族，因经济文化相对落后，其居住文化也相对较落后，多为穴居或巢居的进一步发展；

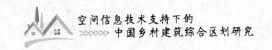

农耕的经济文化,因定居及经济发达的原因,房屋居住得以日渐成熟。

经济制度及政策导致了人们的经济思想的变化,从侧面对乡村传统建筑的发展倾向产生了一定的影响。中国传统的小农经济带来的大多数农民贫困落后和少数地主及官僚富裕的状况,体现在乡村传统建筑上,是延续不变的经济实用思想进而产生的最基本的一系列建筑型制,以及商业思想对建筑的影响。中国乡村传统经济类型中的商业区除蜀中成都一带,均以河流(大运河、黄河、长江)及沿海为主,因通行方便,而"前店后宅""前坊后宅"、出租用民宅,以及富商大宅多在这一带。

经济发达的城镇民居,受到文化、人口的高密度及相对较少的用地状况的影响,而产生的借"山""水"等相关的利用空间的建筑发展方向和由此而产生的整体亲切的尺度感及淳朴的民风。经济的发达区域,多人口集中,密度较高,这一带乡村传统建筑数量既多,质量也高,规模也大。但同时带来的问题则是地少人多,房屋拥挤,或紧紧相连,或向高处发展。北方的经济重心在黄河中下游地区,南方重心处长江中下游地区,两区将中国各个时期的重心大多数收入其内。

4.5.2　传统制度文化要素区划

家庭的人口结构直接关系到乡村建筑的基本内容构成,特别是传统的中国乡村民居,父母、兄弟、子女三代人的居室化,正是中国古老的三合院和四合院型制产生的由来,人口的多少决定了乡村建筑的规模,不同的亲缘关系形成了多种多样的民居构成形式,也形成了各地独具特色的乡村民居建筑的空间布局形态。

传统的中国乡村建筑也受到宗法等级制度等的影响。宗法等级制度从父权制度发展而来,形成了自天子而下的一系列等级制度,限定了社会文化的方方面面,建筑也不例外,从整体的规模、布局到结构及至装饰色彩,无不受到严格限制;而四合院内的轴线、内外层次、空间分序上,更是对等级制度的强化。其中,堂屋的存在,是最典型的对传统文化精髓的反映。北方的主要家庭聚居区位于古文明的发源地,历史悠久,因而有大规模的世家大族存在;南方的主要家族聚居区指位于闽南及广东潮州一带的圆形土楼、五凤楼等,为两晋南北朝时,天下战乱,文化南迁的结果。

4.5.3 传统心理文化要素区划

在心理文化系统中,信仰是最原始的思想文化,从各种原始崇拜到巫术、占卜和禁忌等,都从人们的心灵深处影响着传统民居的所有方面,信仰影响范围最广,也最深刻。阴阳五行学说是较早出现的思想文化体系,它所形成的对世界的解释是中国传统文化的基础,对传统文化的影响直观而深刻。

佛教、伊斯兰教自外传入而与中国传统文化融为一体,深刻影响到许多传统建筑之中,以藏族传统建筑体现最深。另外道教的许多神仙传说,伊斯兰教教义的内涵,都对各地传统建筑的型制产生了一定的影响。儒家、道家哲学思想是中国传统思想的主流,两者相辅相成,互为补充,从观念上影响到人们的立身处世,进而影响到人们的生活目标及生活方式,最终形成了集各方文化大成的中国传统建筑文化。

文化的交流分为两个过程,由文化的同化而至民族的融合。文化本源的产生及交流过程中存在的多层次性和复杂性,使得各地的民俗文化形式多样,多姿多彩。

4.5.4 中国传统民居的综合区划

王文卿等综合自然地理学及人文地理学的有关知识,从中华民族的起源、形成和发展,文化的地理环境及民族文化地理环境等方面进行了深入的思考,做出中国传统民居的综合人文区划草案[96]。

(1)长江、黄河、大运河的主要流域,暖温带和亚热带温润半湿润区,是古代农业文明发源地,农、商业发达。

(2)江南丘陵,亚热带湿润区,多有聚族而居的遗风。

(3)云贵高原,亚热带湿润区,多民族杂居状态,民居多姿多彩。

(4)青藏高原,高原高山带半湿半干区,以藏族为主体,民居形态多为毡房和碉房。

（5）西疆沙漠，温带和中温带干旱区，以维吾尔族为主体，民居布局以适应气候为主。

（6）河西走廊为主，中温带干旱及半湿润区，地处青藏高原和内蒙古高原夹缝，受多方文化影响，民居多为平房有院。

（7）近长城的内蒙古高原，民居多为蒙古包。

（8）东北森林为主，中温及寒温带湿润区，以满族和汉族为主，汉化较重，民居兼有两者特点。

这个中国传统民居的综合区划对于我们进行中国乡村建筑区划的相关理论和实践研究具有非常重要的借鉴意义。

第5章 结论与展望

5.1 建筑综合区划研究

本书在详细分析影响建筑的自然环境要素和人文环境要素的基础上,在 GIS 软件中将各种要素进行叠加,经过综合分析,并考虑保持行政边界的完整性,按照两个层次对中国乡村建筑进行了区划,即将其划分为建筑区和建筑亚区,划分结果见表 5-1。

表 5-1 中国乡村建筑综合区划及其特点

编号	建筑区	建筑亚区	自然环境	人文环境	乡村建筑特点
1	东北乡村建筑区	1-1 东北东部区;1-2 东北西部及内蒙古东北部区	气候冬冷夏凉,较湿润;东部为山地和平原;西部地势平坦,为草原或平原耕作地区;植被情况良好	汉族文化满族文化为主,少数民族汉化较重	东北农村规模大,密度稀,房屋建筑及内部结构适应冬季严寒的气候特点,屋顶多为陡坡

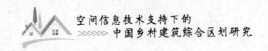

编号	建筑区	建筑亚区	自然环境	人文环境	乡村建筑特点
2	内蒙古乡村建筑区	2-1 内蒙古东部区；2-2 内蒙古西部区	气候冬冷夏凉，湿度由西至东递增；东部草原良好，西部多荒漠	蒙古族文化，有佛教信仰传统	农村规模小，密度稀，蒙古包具有特色，定居点也有类似蒙古包的圆形建筑
3	新疆少数民族乡村建筑区	3-1 新疆北部盆地区；3-2 天山山地区；3-3 新疆南部盆地区	新疆北部及天山地区气候冬冷夏凉，新疆南部夏季较热；气候干燥；多戈壁荒漠，新疆北部及天山地区植被状况稍好，新疆南部绿洲农业发达	少数民族众多，多信奉伊斯兰教	因干旱少雨，多土筑建筑，平屋顶，少数民族建筑具西域风情

编号	建筑区	建筑亚区	自然环境	人文环境	乡村建筑特点
4	华北、中原乡村建筑区	4-1 华北北部区；4-2 冀中鲁北区；4-3 晋冀鲁南部与豫北区；4-4 山东半岛区；4-5 河南南部区	大多数地区冬冷夏热，区内山区和山东半岛夏季较为凉爽；除山区外，地势较为平坦；本区内植被良好，农业发达	中原文化	乡村住宅多四合院形式，砖木结构，西部北部有部分平屋顶，其余为陡坡屋顶
5	西北乡村建筑区	5-1 陕西北部区；5-2 陕西中部与甘肃东南区；5-3 陕西南部区；5-4 甘肃西北区；5-5 宁夏区	冬季气温较低，由东至西干燥度增加，山区夏季凉爽；地势多为黄土高原，局部平坦，关中地区与陇南农业发达；南部植被状况较好	秦陇文化	黄土高原的窑洞独具特色，其余多为四合院，建筑多砖木或土筑，部分房屋为平屋顶

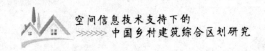

续表

编号	建筑区	建筑亚区	自然环境	人文环境	乡村建筑特点
6	青藏高原少数民族乡村建筑区	6-1 青海东部区；6-2 西藏东部区；6-3 青藏高原西部区	气候冬冷夏凉，较为干燥；为高原地区，海拔高，地形复杂；植被以高山草甸和草原为主	藏族文化	藏族碉房独具特色，石构或木石，寺庙建筑丰富多彩
7	江浙水乡建筑区	7-1 江苏北部区；7-2 江苏中部区；7-3 浙江北部区；7-4 上海都市区；7-5 江苏南部区	气候比较温和，湿润多雨，水网发达。地势平坦；山清水秀，植被良好	吴越文化	多为双坡屋顶，临水而建，临水面为街面和水巷，水巷两边是优美的石拱桥相连。多园林，砖木结构房屋及石结构

续表

编号	建筑区	建筑亚区	自然环境	人文环境	乡村建筑特点
8	安徽、赣北乡村建筑区	8-1 安徽北部区；8-2 淮南江北区；8-3 皖南赣北区	气候比较温和；湿润多雨；地势多丘陵，山水相间，植被良好	徽州文化	建筑保留了较为传统的中原样式，多白墙灰瓦，马头墙厚重规范，防火功能明显，砖雕、石雕、木雕常见，建筑多砖木结构
9	浙南闽台乡村建筑区	9-1 浙江南部区；9-2 福建北部区；9-3 福建南部区；9-4 台湾西部区；9-5 台湾东部区	气候比较温和；湿润多雨；多山地和丘陵地区，山水相映，海陆相连；植被良好	闽台文化	以宗祠和家祠为特色的建筑风格明显，讲究山水朝向，马头墙呈波浪形，装饰性超过防火功能，建筑多砖木结构

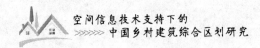
续表

编号	建筑区	建筑亚区	自然环境	人文环境	乡村建筑特点
10	湘鄂赣乡村建筑区	10-1 江西北部区；10-2 江西中部区；10-3 湖南中南部区；10-4 江汉洞庭平原区；10-5 湘鄂西部区；10-6 湖北北部区	气候比较温和；湿润多雨；地貌多样，水系发达，平原江湖广阔，山地丘陵众多；植被状况良好	荆楚文化	多为单层双坡屋顶，山区有少量双层干栏式建筑，马头墙有一定的流线和动感，建筑多砖木和木结构
11	闽粤赣边客家乡村建筑区	11-1 闽西南区；11-2 粤东北区；11-3 江西南部区；11-4 湘粤赣边界区	气候温和，潮湿；地貌多崎岖山地和丘陵；森林茂密，植被良好	客家文化	客家特有建筑，形式独特，有方形、圆形、半圆形、马蹄形、八卦形和不规则形等多种造型，建筑多夯土和砖木结构

编号	建筑区	建筑亚区	自然环境	人文环境	乡村建筑特点
12	岭南乡村建筑区	12-1 粤北山地区； 12-2 珠江三角洲区； 12-3 广东西南区； 12-4 广西东南区； 12-5 海南区	气候冬暖夏热，潮湿多雨，四季不分明；地貌多为山地和平原；植被良好	岭南文化	宗族建筑、村口大树及庙宇建筑极具特色，双面陡坡屋顶，镬耳屋较典型，马头墙呈圆弧形或水波形，装饰性超过防火功能，建筑多砖木结构
13	四川盆地及周边山区乡村建筑区	13-1 四川盆地区； 13-2 重庆东南部区； 13-3 四川西北部区； 13-4 四川西南部区； 13-5 四川北部区	气候潮湿，山区冬冷夏凉；地貌以盆地为主，周边为山区；水系发达；植被多样，状况良好	巴蜀文化	盆地内多为单层双坡屋顶瓦房，马头墙规整且有一定的起伏，周边山地有双层干栏式建筑，西部有少量石制碉房，建筑多砖木结构和少量石结构

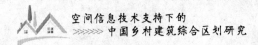

续表

编号	建筑区	建筑亚区	自然环境	人文环境	乡村建筑特点
14	云贵高原及桂西北少数民族建筑区	14-1 贵州北部区；14-2 贵州西南部区；14-3 贵州东南部区；14-4 云南中东部区；14-5 云南西北部区；14-6 云南西南部区；14-7 云南东南部区；14-8 广西西北部区	气候温和，部分地区四季如春；降水丰富；地貌为山地高原，垂直变化显著；景观多样，植物丰富	云南、贵州、广西少数民族文化	多为干栏式双层结构，吊脚楼常见，贵州多鼓楼和风雨桥；云南还有蘑菇房、土掌房、一颗印等多种形式。建筑砖木、木、竹、石结构兼有

5.2　空间信息技术应用

遥感（RS）、地理信息系统（GIS）和全球定位系统（GPS）等空间信息技术具有数据收集、处理、分析、管理等强大功能，是现代社会持续发展、资源合理规划利用、城乡规划与管理、自然灾害动态监测与防治等的重要技术手段，也是使地理、生态、环境、城市规划等多种学科研究走向定量化的科学方法之一。

在本书中，主要利用了空间信息技术的以下功能：

（1）利用空间插值技术对各种气象数据进行插值，获取准确的各种气象要素的空间分布情况。

（2）利用GIS的数据管理、图形处理和显示功能，根据各种气象要素的建筑分级标准，进行气象要素的建筑区划。

（3）利用GIS处理遥感数据SRTM DEM，根据地形要素的建筑分级标准，进行地形要素的建筑区划。

（4）利用GIS的数据管理、图形处理和显示功能，在收集各种人文资料的基础上，进行建筑人文环境区划。

（5）利用GIS的叠加分析功能进行综合分析，得到建筑气象要素综合区划、建筑人文环境区划以及综合建筑区划。

另外，GIS的二次开发功能，可以为中国乡村的规划和建筑的管理提供单机或网络的管理信息系统，以实现更好的管理，已有学者在这方面的研究中取得了一定的成果[102-103]。

目前，空间信息技术在各行业的应用蓬勃发展，并在学科交融的基础上促进了自身发展和进步。但是,空间信息技术在建筑研究方面还比较欠缺,属于一个崭新的领域。以空间信息技术为手段,处理建筑相关的自然和人文环境要素,是一个值得探索的方向,这方面的研究成果可以使得建筑创作更加因地适宜,推动社会的可持续发展。同时,这方面的研究是学科交叉研究,会使得各相关学科登上新的台阶,从而充实各学科体系。

5.3 总结与展望

本书利用空间信息技术研究了中国乡村建筑区划,试图挖掘出中国乡村的建筑传统和特色,为因地制宜地推进新农村建设,实现社会的可持续发展服务。

本书借助空间信息技术手段,综合分析各种自然和人文要素对建筑的影响,借鉴前人的相关研究成果,建立了综合建筑区划。

影响建筑的各种要素种类繁多,本书不可能囊括所有影响建筑的要素。要想了解全国各地的乡村建筑特色需要大量的调研和收集资料,必将耗费大量的人力、物力和时间,本研究对乡村建筑特点的描述还不够详细,区划的划分也不够精细。

学科交叉研究有助于相关学科建立创新体系,将空间信息技术与建筑区划结合起来,研究乡村建筑区划,对于当前进行的新农村建设工作具有重要意义。

参考文献

[1]吴良镛.21世纪建筑学的展望——"北京宪章"基础材料[J].建筑学报,1998(12):4-12.

[2]张彤.整体地区建筑[M].东南大学出版社,2003(6).

[3]谢一平.建筑与环境[J].山西建筑,2007,33(18):42-43.

[4]张艳,冉茂宇.使建筑融入自然与地域的气候环境——浅析台湾地区绿色建筑实践对闽南地区绿色建筑发展的启示[J].华中建筑,2007,(3):72-77.

[5]卢峰,李骏.当代建筑地域性研究的整体解读[J].城市建筑,2008,(6):7-8.

[6]吕昀,王丙晴.谈建筑色彩中的民族文化[J].中外建筑,2008,(8):78-80.

[7]刘艳.现代建筑地域文化的传承与创新[J].四川建材,2008,(4):72-74.

[8]卢健松.建筑地域性研究的当代价值[J].建筑学报,2008,(7):15-19.

[9]茹克娅·吐尔地,潘永刚.特定地域文化及气候区的民居形态探索——新疆维吾尔传统民居特点[J].华中建筑,2008,(4):99-101.

[10]赵雪亮.生态环境和地域气候与现代建筑设计[J].山西建筑,2008,34(5):84-85.

[11]李孝聪. 中国区域历史地理[M]. 北京:北京大学出版社,2005.

[12]郑度,葛全胜,张雪芹,等. 中国区划工作的回顾与展望[J]. 地理研究,2005,24(3):330-344.

[13]郑度,杨勤业,等. 自然地域系统研究[M]. 北京:中国环境科学出版社,1997.

[14]Merriam C H. Life Zones and Crop Zones of the United States[R]. Bull. Div. Biol. Surv. 10. Washington, DC. U.S .Department of Agriculture,1898.

[15]Herberson A J. The Major Natural Region:an essay in systematic geography[J]. Geographical Journal. ,1905,25(3):300-310.

[16]杨勤业,吴绍洪,郑度. 自然地域系统研究的回顾与展望[J]. 地理研究,2002,21(4):407-417.

[17]倪绍祥. 苏联地理学界关于自然区划问题研究的近况[J]. 地理研究,1983,1(1):95-102.

[18]Bailey R G. Explanatory Supplement to Eco-regions Map of the Continents[J]. Environmental Conservation,1989,16(4):307-309.

[19]Bailey R G. Ecosystem Geography[M]. Springer-Verlag. New York. Berlin. 1996,Heideberg.

[20]傅伯杰,陈利顶,刘国华. 中国生态区划的目的、任务及特点[J]. 生态学报,1999,19(5):591-595.

[21]竺可桢. 中国气候区域论[J]. 地理杂志,1930,3(2).

[22]林超,冯绳武,郑伯仁. 中国自然区划大纲(摘要)[J]. 地理学报,1954,20(4):395-418.

[23]罗开富. 中国自然地理分区草案[J]. 地理学报,1954,20(4):379-394.

［24］黄秉维.中国综合自然区划草案［J］.科学通报,1959,18:594-602.

［25］黄秉维.论中国综合自然区划［J］.新建设,1965,(3):65-74.

［26］黄秉维.中国综合自然区划纲要［J］.地理集刊,1989,21:10-20.

［27］任美锷,杨纫章.中国自然区划问题［J］.地理学报,1961,27:66-74.

［28］赵松乔.中国综合自然区划的一个新方案［J］.地理学报,1983,38
　　　(1):1-10.

［29］侯学煜.中国自然生态区划与大农业发展战略［M］.北京:科学出版
　　　社,1988.

［30］任美锷,包浩生.中国自然区域及开发整治.北京:科学出版社,
　　　1992.

［31］郑度,傅小锋.关于综合地理区划若干问题的探讨［J］.地理科学.
　　　1999,19(3):193-197.

［32］傅伯杰,刘国华,陈利顶,等.中国生态区划方案［J］.生态学报,
　　　2001,21(1):1-6.

［33］燕乃玲,虞孝感.我国生态功能区划的目标、原则与体系［J］.长江流
　　　域资源与环境,2003,12(6):579-585.

［34］张宝堃,段月薇,曹琳.中国气候区划草案［M］.北京:科学出版社,
　　　1956.

［35］钱崇澍,吴征镒,陈昌笃.中国植被区划草案［M］.北京:科学出版
　　　社,1956:85-142.

［36］中国科学院自然区划工作委员会.中国水文区划(初稿)［M］.北京:
　　　科学出版社,1959.

［37］周廷儒,施雅风,陈述彭.中国地形区划草案［J］.北京:科学出版社,
　　　1956.

[38]中国科学院地理研究所经济地理研究室.中国农业地理总论[M].北京:科学出版社,1980.

[39]中华人民共和国建设部.建筑气候区划标准(GB50178-93)[M].北京,1993.

[40]陆大道.区域发展及其空间结构[M].北京:科学出版社,1995.

[41]郭焕成.中国农业经济区划[M].北京:科学出版社,1999,1-620.

[42]张行南,罗健,陈雷,等.中国洪水灾害危险程度区划[J].水利学报,2000,(3):1-7.

[43]全国山洪灾害防治规划编写组.全国山洪灾害防治规划报告[R].武汉:水利部长江水利委员会,2006.

[44]中华人民共和国水利部.水功能区管理办法[R].北京:中华人民共和国水利部,2003.

[45]王文卿,周立军.中国传统民居构筑形态的自然区划[J].建筑学报,1992,(4):12-16.

[46]房志勇.传统民居聚落的自然生态适应研究及启示[J].北京建筑工程学院学报,2000,16(1):50-59.

[47]钱学森.论地理科学[M].杭州:浙江教育出版社,1994.

[48]龚建雅.地理信息系统基础[M].北京:科学出版社,2001.

[49]刘敏,向华,等.GIS支持下的三峡库区湖北段农业气候资源评估与区划[J].国农业气象,2003,24(2):39-42.

[50]薛生梁,刘明春.河西走廊玉米生态气候分析与适生种植气候区划[J].中国农业气象,2003,24(2):12-15.

[51]李德仁.论RS、GPS与GIS集成的定义、理论与关键技术[J].遥感学报,1997,1(1):64-681.

[52] 林珲, 张捷, 杨萍, 等. 空间综合人文学与社会科学研究进展[J]. 地球信息科学, 2006, 8(2): 30-37.

[53] 赵燕霞, 姚敏. 数字城市的基本问题[J]. 城市发展研究, 2001, (4): 20-24.

[54] Harris R J, Longley P A. New Data and Approaches for Urban Analysis: Modeling Residential Densities[J]. Transaction in GIS, 2000, 4(3): 217-234.

[55] Wald L, Baleynaud J M. Observing Air Quality Over the City of Nantes by Means of Landsat Thermal Infrared Data[J]. Int J Remote Sensing, 1999, 20(5): 947-959.

[56] Bjorgo E. Using Very High Spatial Resolution Multispectral Satellite Sensor Imagery to Monitor Refugee Camps[J]. 2000, 21(3): 611-616.

[57] Lillesand TM, RW Kiefer. Sensing and Image Interpretation[M]. New York: John Wiley&Sons, 1987.

[58] Arai C, et al. An application of remote sensing and REAL TIME GIS to digital map for local government[J]. Geoscience and Remote Sensing Symposium, 2003(7): 4552-4554.

[59] Langford M, Maguire D J, Unwin D J. The areal interpolation problem: estimatingpopulation using remote sensing in a GIS framework[C]. Handling Geographical Information. London: Longman, 1991: 55-77.

[60] 陈基伟, 程之牧. 城市遥感技术在特大型城市政府决策中的重要作用[J]. 测绘科学, 2004, (6): 61-64.

[61] 杜培军, 郭达志, 盛业华. 高分辨率卫星遥感的发展及在城市规划与管理中的应用[J]. 城市勘测, 1999, (4): 17-21.

[62]江涛,张传霞.城市扩展动态变化的遥感研究[J].遥感信息,1999,(4):50-53.

[63]詹庆明,肖映辉.城市遥感技术(第1版)[M].武汉:测绘科技大学出版社,1999.

[64]谭建军,郭国章,乔玉楼.遥感技术在城市规划中的应用——以广州城市规划应用实践为例[J].地球化学,1998,(7):384-390.

[65]朱霞,李秉毅,赵俊华.城市规划遥感研究——以武汉、上海为例[J].河南科学,1997,(3):117-119.

[66]翟礼生,等.中国省域村镇建筑综合自然区划与建筑体系研究——江苏、贵州和河北三省的理论与实践[M].地质出版社,2008.

[67]赵晓光主编.民用建筑场地设计[M].2004.

[68]吕爱民.应变建筑大陆性气候的生态策略[M].上海:同济大学出版社,2003,(9):19-20.

[69]林其标,林燕,赵维稚.住宅人居环境设计[M].广州:华南理工大学出版社,2000,(4):1-2.

[70]阿诺德·汤因比.历史研究[M].上海:上海人民出版社,2000.

[71]Hyde Richard. Climate Responsible Design:A study of buildings in moderate and hot humid climates. E & FN Spon,New York.1999

[72]陈飞.建筑与气候——夏热冬冷地区建筑风环境研究[D].上海:同济大学,2007.

[73]阿摩斯·拉普卜特.文化特性及建筑设计[M].北京:中国建筑工业出版社,2004.

[74]江滔滔,张建华.气候与建筑[J].成都气象学院学报.1989,(1):91-96.

[75]周红燕.适应气候的建筑及其传统建筑技术更新[D].重庆:重庆大学建筑城规学院,2002.

[76]Journel, A.G. and C. J. Huijbregts. Mining geostatistics [M]. UK:London. Academic Press., 1978.

[77]Ripley, B. D. Spatial Statistics[M]. New York:Wiley, 1981.

[78]李哈滨,伍业刚.景观生态学数量研究方法.当代生态学博论(刘建国主编)[M].北京:中国科学技术出版社,1992.

[79]Simbahan G. C., Dobermann A., Goovaerts P., et al. Fine-resolution mapping of soil organic carbon based on multivariate secondary data[J]. Geoderma, 2005.

[80]Sullivan D. G., Shaw J. N., Rickman D. IKONOS imagery to estimate surface soil property variability in two Alabama Physiographies[J]. Soil Science Society of America Journal, 69, 2005, 1789-1798.

[81]张仁铎.空间变异理论及应用[M].北京:科学出版社,2005.

[82]Burrough P. A. Sampling designs for quantifying map unit composition in M J Mausbach and L P Wilding(eds.), Spatial Variabilities in Soils and Landforms[J]. Soil Sci. Soc. Am., Spec. Pub. Madison, WI. 28, 1991, 89-125.

[83]Dobermann A., Ping J. L. Geostatistical integration of yield monitor data and remote sensing improves yield maps[J]. Agronomy Journal, 96, 2004, 285-297.

[84]罗尧治,陈建.大型公共建筑太阳能综合应用[J].上海电力,2008, (2):142-147.

[85]Haining R. Spatial Data Analysis in the Socia and Environmental Science[M].

London：Cambridge University Press，1994.

［86］Michael F，Goodchild，Robert P. GIS and spatial data analysis：Converging perspectives［J］. Regional Science，2004，83：363–385.

［87］李德仁，龚健雅，边馥苓. 地理信息系统导论［M］. 北京：测绘出版社，1993.

［88］郭仁忠. 空间分析［M］. 北京：高等教育出版社，2001.

［89］任美锷主编. 中国自然地理纲要［M］. 北京：商务印书馆，1985.

［90］沙润. 中国传统民居建筑文化的自然地理背景［J］. 地理科学，1998，18（1）：58–64.

［91］Kim S.，Kang S. Automatic Generation of a SPOT DEM：Toward coastal Disaster Monitoring［J］. Korean Journal of Remote Sensing，2001，17（2）：121–129.

［92］Hirano，A.，Welch R.，Lang H. Mapping from AS–TER stereo Image Data：DEM validation and Accuracy Assessment［J］. ISPRS Journal of Photogrammetry and Remote Sensing，2003，57：356–370.

［93］张永红，张继贤，林宗坚. 由星载InSAR生成DEM的理论误差分析［J］. 遥感信息，1999，（2）：12–15.

［94］Jarvis A，Rubiano J，et al. Comparison of SRTM derived DEM vs topographicmap derived DEM in the region ofDapa［EB/OL］. http：//gisweb1ciat1cgiar1org/sig/download / laboratorygis/srtm_vs_topomap1pdf，2004.

［95］建筑设计资料集编委会. 建筑设计资料集（第二版）［M］. 北京：中国建筑工业出版社，1994.

［96］王文卿，陈烨. 中国传统民居的人文背景区划探讨［J］. 建筑学报，1994，（7）：42–47.

［97］陈才，陈慧琳.人文地理学［M］.北京:科学出版社,2001:95-102.

［98］张莉.中国经济区研究述评［J］.地理学与国土研究,2001,17(2):
39-45.

［99］郭振淮,等.经济区和经济区划［M］.北京:中国物价出版社,1998.

［100］杨树珍.中国经济区划研究［M］.北京:中国展望出版社,1990.

［101］谢士强,林存银.我国宏观经济区划的实证构想［J］.云南大学学报
(社会科学版),2008,(4):58-69.

［102］邓运员,代侦勇,刘沛林.基于GIS的中国南方传统聚落景观保护管
理信息系统初步研究［J］.测绘科学,2006,31(4):74-77.

［103］唐云松,朱诚.中国南方传统聚落特点及其GIS系统的设计［J］.衡
阳师范学院学报(社会科学),2003,24(4):13-18.